普通高等教育"十二五"规划教材

计算机辅助设计

——Photoshop CC

主　编　王玉红

副主编　李益炯

中国水利水电出版社

www.waterpub.com.cn

内 容 提 要

本书以 Adobe Photoshop 软件的最新版本 Photoshop CC 为讲解对象,分为 14 章,讲解了 Photoshop CC 的常用功能及其在设计中的应用,每章都有相关的案例教学。本书要求在掌握软件工具的同时,更注重学生的创意思维,以启发式教学为主。

本书适合作为高等院校包括高职高专等艺术类专业的基础教材,也可以作为设计爱好者与从业者的入门参考书。

图书在版编目(CIP)数据

计算机辅助设计:Photoshop CC/王玉红主编 . ——
北京:中国水利水电出版社,2014.8(2017.7 重印)
普通高等教育"十二五"规划教材
ISBN 978 - 7 - 5170 - 2307 - 4

Ⅰ.①计… Ⅱ.①王… Ⅲ.①图象处理软件-高等学
校-教材 Ⅳ.①TP317.4

中国版本图书馆 CIP 数据核字(2014)第 195096 号

书 名	普通高等教育"十二五"规划教材 **计算机辅助设计——Photoshop CC**
作 者	主 编 王玉红 副主编 李益炯
出版发行	中国水利水电出版社 (北京市海淀区玉渊潭南路 1 号 D 座 100038) 网址:www. waterpub. com. cn E - mail:sales@waterpub. com. cn 电话:(010)68367658(营销中心)
经 售	北京科水图书销售中心(零售) 电话:(010)88383994、63202643、68545874 全国各地新华书店和相关出版物销售网点
排 版	北京零视点图文设计有限公司
印 刷	北京嘉恒彩色印刷有限责任公司
规 格	184mm×260mm 16 开本 13.5 印张 329 千字
版 次	2014 年 8 月第 1 版 2017 年 7 月第 3 次印刷
印 数	3001—5000 册
定 价	**32.00 元**

随着时代的发展，单纯地依赖手绘已经无法满足设计行业的需求，因此图像处理软件的应用成为设计师的必修课。其中，Photoshop 系列软件无疑是数码图像处理软件中的佼佼者。Photoshop CC 是目前 Photoshop 软件的最新版本。本书以 Photoshop CC 为对象，详细介绍了 Photoshop 软件的常用功能及其在设计领域中的应用。

本书由浙江农林大学数字媒体专业长期从事 Photoshop 软件教学的老师合作打造完成。针对零起点的初学者，从最基础操作开始并结合实际案例，深入浅出地介绍了 Photoshop 软件的各个功能。

本书通过大量案例介绍 Photoshop CC 基础知识、基础图像编辑操作、图像修饰工具、颜色与色彩的调整、图像绘制工具、图层的应用、蒙版的应用、通道的应用、文字工具、滤镜的应用、Web 图形、动画与 3D、动作、自动化与脚本等相关内容。最后以 3 个综合案例帮助用户巩固所学的内容。

易读易学是本书主要的特点之一。本书在编写过程中结合了作者多年的软件教学经验，充分考虑到初学者的需求，进行逐步讲解，力求图文并茂。用户可以根据书本内容一步步地体验 Photoshop CC 从入门到精通的过程。

本书的另一主要特点是知识结构安排合理，理论与实践并重。Photoshop 系列软件经过 20 多年的更新与升级，软件包含的内容越来越丰富，功能越来越强大。作者从实际需求的角度出发，遵循"循序渐进"的教学原则，反复斟酌了本书整体的构架与知识点的前后次序，最大程度上帮助用户系统地掌握 Photoshop CC 的各项功能。

本书由王玉红（任教于浙江农林大学）担任主编，李益炯（任教于浙江农林大学）担任副主编。编写组成员还包括：纪新蕾（任教于山东信息职业技术学院）、王婧慧（任教于北京林业大学）、于亚楠（任教于浙江农林大学），主要负责本书教学案例与文本的收集与整理；肖杰、昌佳、黄晓好、马文策、李芸（浙江农林大学数字媒体专业研究生），为本书提供的大量图像和文字素材。

本书既适合 Photoshop 软件初学者作为入门教程，也适用于广告、平面设计等行业相关从业人员作为功能查询手册。

由于作者水平与时间有限，本书在某些细节方面难免存在不足之处，敬请读者、专家批评指正。

作者
2014 年 3 月

目录

第1章 计算机辅助基础知识

1.1 矢量图与位图

矢量图是图像软件通过数学公式计算而获得的图形。由于矢量图形可通过公式计算获得，所以文件体积一般较小，它最大的优点是无论放大、缩小或旋转等不会失真。因此矢量图形适合制作 Logo 等需要按不同尺寸输出的内容。但是矢量图形不能像位图那样表现丰富的色彩和细腻的变化，如图 1.1 所示。

图 1.1

位图图像（Bitmap）也称为点阵图像或绘制图像，是由许多个像素组成的。用 Photoshop CC 处理位图图像其实就是对像素进行编辑。用相机拍摄的照片、扫描的图片等都属于位图。位图可以表现色彩细腻的变化，分辨率是制约位图的一个重要因素。将图片放大后，画面中会出现许多彩色的小方块，这就是像素，如图 1.2 和图 1.3 所示。

图 1.2

图 1.3

1.2 像素和图像分辨率

像素是组成图像的最小单位，一个像素通常被视为图像的最小的完整采样。每一幅图像都是由一个个像素组成的，每个像素有自己明确的位置和色彩。一幅图像的像素越多，精度就越高，结果就更接近原始的图像。

分辨率指单位长度中像素的数目，其单位通常为像素/英寸（ppi）。分辨率决定了位图的细节精确程度。图像分辨率指图像中存储的信息量，常以每英寸的像素数来衡量。一般来说，像素越高，图像越清晰，能体现更多的细节和更细腻的色彩。

像素和分辨率的组合决定了图像的数据量。过大的文件处理起来十分费力，而且会占用更多的存储空间，因此在使用 Photoshop CC 时，要根据输出方式决定图像的分辨率。用于屏幕显示的分辨率一般在 72ppi；用于打印的分辨率最好设定在 100～150ppi；用于印刷的分辨率最好在 300ppi 以上。

1.3 色 彩 模 式

色彩模式指计算机中颜色的不同组合方式，不同的色彩模式有不同的特性，也可以进行互相交换。色彩的模式可以用数字来表示，通过色彩模式，可对每一种色彩进行定义。在 Photoshop CC 中可以变换图像的色彩模式。

1.3.1 位图模式

位图模式仅使用黑白两种颜色值表示图像中的像素。当彩色图像被转换为位图模式时，像素中的色相和饱和度信息都将被删除，只有亮度信息被保留。但是只有灰度和双色调模式才能被直接转换为位图模式。

1.3.2 灰度模式

灰度模式由 0～256 个灰阶组成。灰度模式在图像中使用不同的灰度级，不包含色彩信息。8 位图像最多有 256 级灰度，灰度图像中的每个像素都有一个 0（黑）～255（白）之间的亮度值。而在 16 位或 32 位图像中，每个像素所拥有的灰度级更大。

1.3.3 双色调模式

双色调模式通过 1～4 种自定油墨创建单色调、双色调（2 种颜色）、三色调（3 种颜色）和四色调（4 种颜色）的灰度图像，在这种模式下，图像将使用彩色油墨来实现色彩灰色。要注意的是，只有灰度模式的图像可以转换为双色调模式。

1.3.4 索引颜色

索引颜色是 GIF 格式文件默认的颜色模式，最多支持 256 色的 8 位图像文件。当彩色图像被转换为索引颜色时，将构建一个颜色查找表 (CLUT)，用以存放并索引图像中的颜色。如果原图像中的某种颜色没有出现在该表中，则程序将选取最接近的一种，或使用仿色以现有颜色来模拟该颜色。索引颜色模式的图像只能通过间接的方式创建。

1.3.5　RGB 颜色模式

计算机屏幕上显示的色彩由 RGB 三种色光所合成。RGB 颜色模式使用 R（红色）、G（绿色）、B（蓝色）三种颜色或通道在屏幕上重现颜色。每种颜色都有 256 种亮度值。在 24 位图像中，这三个通道最多可以重现 1670 万种颜色/像素。对于 48 位（16 位/通道）和 96 位（32 位/通道）图像，可重现更多的颜色。计算机显示器使用 RGB 模型显示颜色，因此在使用非 RGB 颜色模式时，图像将被转换为 RGB 格式，以便在屏幕上显示。

1.3.6　CMYK 颜色模式

与电子图像不同，印刷色彩由 CMYK 四色油墨产生。CMYK 颜色模式下，主要用于打印输出，C 表示青色、M 表示品红、Y 表示黄色、K 表示黑色。在该模式下，每个像素的每种印刷油墨都被指定一个百分比值。在制作要用印刷色打印的图像时，应使用 CMYK 模式。

1.3.7　Lab 颜色模式

Lab 彩色模型是在与设备无关的前提下设计的，它始终保持如一的色彩。Lab 颜色模式是一种中间模式，L 指的是亮度分量，范围在 0～100 之间，a 表示由绿色到红色的光谱变化，b 表示由蓝色到黄色的光谱变化。Lab 描述的是颜色的显示方式，而不是设备生成颜色所需的特定色料的数量，所以 Lab 被视为与设备无关的颜色模型。色彩管理系统使用 Lab 作为色标，以将颜色从一个色彩空间转换到另一个色彩空间。

1.4　常用的图形文件格式

文件格式由它对数据的存储和压缩方式所决定，不同的文件格式对应着不同的功能及软件的兼容性。了解不同格式的功能和用途有利于对图像更好的操作。

1.4.1　PSD 格式

PSD 格式是 Photoshop CC 默认的文件格式，可保存图像中包括图层、通道等所有的信息，易于修改。Adobe 的其他软件如 Illustrator、InDesign、Premiere、After Effect 等都可以直接导入 PSD 文件。

1.4.2　BMP 格式

BMP 格式是 Windows 环境中交换与图有关的数据的一种标准图像格式，主要用于保存位图文件。可以处理 24 位图像，支持 RGB、灰度、索引等模式，但不支持 Alpha 通道。

1.4.3　GIF 格式

GIF 格式是基于网络传输的文件格式，支持透明背景和动画，采用 LZW 无损压缩，压缩效果较好。利用 GIF 动画程序，把一系列不同的 GIF 图像集合在一个文件里，这种文件可以和普通 GIF 文件一样插入网页中。GIF 格式的不足之处在于它只能处理 256 色，不能用于存储真彩色图像。

1.4.4 JPEG 格式

JPEG 格式是由软件开发联合会组织制定的有损压缩格式，能够将图像压缩在很小的储存空间，图像中重复或不重要的资料会丢失，容易造成图像数据的损伤。但是 JPEG 压缩技术十分先进，它用有损压缩方式去除冗余的图像数据，在获得极高的压缩率的同时能展现丰富生动的图像。不支持 Alpha 通道。

1.4.5 TIFF 格式

TIFF 格式是一种灵活、适应性强的文件格式，支持 Alpha 通道的 RGB 模式、CMYK 模式、Lab 模式、索引模式、灰度模式和位图模式。Photoshop CC 可以在 TIFF 格式中存储图层，但在非 Photoshop CC 程序中打开时，只显示拼合图像。

1.4.6 EPS 格式

EPS 格式是 Adobe 公司矢量绘图软件 Illustrator 本身的向量图格式，也是许多高级绘图软件都有的一种矢量方式，如 CorelDRAW、FreeHand 等。EPS 格式常用于位图与矢量图之间交换文件。它可以同时包含位图和矢量图，几乎支持所有的颜色模式，但不支持 Alpha 通道。

1.4.7 FLC 格式

FLC 格式是 Autodesk 公司的动画文件格式，FLC 格式从早期的 FLI 格式演变而来，是一个 8 位动画文件，其尺寸大小可任意设定。实际上，它的每一帧都是一个 GIF 图像，但所有的图像都共用同一个调色板。

1.4.8 WMF 格式

WMF 格式与其他位图格式有着本质的不同，它和 CGM、DXF 类似，是一种以矢量格式存放的源文件（Microsoft Windows Metafile）。所谓矢量图，主要是指用计算机绘制的图形，它存储于描述物体的轮廓、线条、色块之类的信息，一般可提供对直线、圆、椭圆、多边形、文本串的支持，在编辑时可以无级缩放而不影响分辨率。WMF 被称为 Windows 下与设备无关的最好格式。由于高级的性能描述，所以文件可以比相应的位图小很多。

1.4.9 PDF 格式

PDF 格式的全称是 Portable Document Format，是 Adobe 公司开发的一种跨平台通用电子文件格式，是 Adobe Acrobat 的主要格式。支持 RBG 模式、索引模式、CMYK 模式、灰度模式、位图模式和 Lab 模式，但不支持 Alpha 通道。

1.4.10 TGA 格式

TGA 格式是专用于 Truevision 视频卡的文件格式，属于一种图形、图像数据的通用格式。它支持 Alpha 通道，是计算机生成图像向电视转换的一种首选格式。TGA 格式支持压缩，使用不失真的压缩算法。

1.4.11　RAW 格式

RAW 格式是一种灵活的文件格式，用于在应用程序与计算机平台之间传递图像。这种格式支持具有 Alpha 通道的 CMYK、RGB 和灰度图像以及无 Alpha 通道的多通道和 Lab 图像。

1.4.12　Pixar 格式

Pixar 格式是专为高端图形应用程序（如用于渲染三维图像和动画的应用程序）设计的。Pixar 格式支持具有单个 Alpha 通道的 RGB 和灰度图像。

1.4.13　DWG 格式

DWG 格式是 AutoCAD 软件的默认文件格式，是 AutoCAD 中最常用的文件格式之一。

1.4.14　PNG 格式

PNG 的英文全称是 Portable Network Graphics（可移植性网络图像），PNG 是作为 GIF 的替代产品而开发的，能够提供长度比 GIF 小 30% 的无损压缩图像文件以及其他诸多技术性支持。目前部分图像处理软件和早期的浏览器不支持 PNG 格式。

1.4.15　CDR 格式

CDR 格式是矢量格式，是 CorelDraw 的标准文件格式。

1.4.16　DXF 格式

DXF 格式是 AutoCAD 用于图形转换的文件格式。

1.4.17　MAX 格式

MAX 格式是 3ds Max 软件默认的场景文件格式。

1.4.18　AVI 格式

AVI 格式是 Windows 操作系统中最基本、也是最常用的一种媒体文件格式。AVI 的英文全称为 Audio Video Interleaved，即音频视频交错格式。是将语音和影像同步组合在一起的文件格式。它对视频文件采用了一种有损压缩方式，但压缩比较高，因此尽管画面质量不是太好，但其应用范围仍然非常广泛。AVI 支持 256 色和 RLE 压缩。AVI 信息主要应用在多媒体光盘上，用来保存电视、电影等各种影像信息。

1.5　相关的输入与输出设备

在使用计算机作为辅助艺术设计工具时，将使用到许多输入输出设备，常见的包括数码相机、摄像机、数位板、扫描仪、打印机、绘图机、光盘印刷刻录机等。

以数位板为例，它通常是由一块板子和一支压感笔组成，主要针对用作计算机绘画创作。数位板的主要参数包括压力感应、坐标精度、读取速率、分辨率等。它可以感应使用者的力度变化并相应地表现出粗细浓淡的笔触效果，在软件辅助下可以模拟多种绘画效果。Wacom 公司是全球最大的数位板生产厂商，我们常用的数位板都是 Wacom 出品的，如 Bamboo 系列、影拓系列、新帝液晶数位屏系列等。

1.6 计算机辅助艺术设计主流软件介绍

计算机辅助艺术设计的软件很多，如矢量绘图软件 CorelDRAW、FreeHand、Illustrator 以及 AutoCAD 制图软件、位图处理软件 Photoshop、CorelPHOTO、Painter，3D 生成软件 如 3ds Max、Maya 等，本书主要以 Photoshop CC 这个平面设计工具软件为主，进行相关 设计应用讲解，而 CorelDRAW、AutoCAD 和 3ds Max 软件则在《计算机辅助设计系列教 材》的另外三本教材中重点讲述，建议学生在学习过程中，总结规律性的知识，掌握举一 反三、触类旁通的自学能力，才能在实际运用中得心应手。

1.6.1 Photoshop 软件的特征及其应用领域

Adobe 公司旗下的 Photoshop 软件堪称世界上最优秀的图像处理软件之一，在平面设 计、网页制作、3D 动画、多媒体制作、数码艺术等众多领域发挥着重要的作用。最新版本 Photoshop CC 版本的发售被称为 Adobe 史上最大规模的产品升级。新版本的 Photoshop CC 除包含 Adobe Photoshop CS6 的所有功能外，还增加了一些全新的功能，如 3D 支持和视频 流、动画、深度图像分析等。Photoshop CC 版本偏重于摄影、图形设计和 Web 设计等方面 的用户，更添加了用于 3D 模型和动画以及高级图像分析的工具，适合影视、多媒体、三维 及动画、Web 设计人员，以及制造业、医疗业、建筑师、工程师、科研人员等专业人士使用。

1.6.2 CorelDRAW 软件的特征及其应用领域

Corel 公司推出的 CorelDRAW 软件是一款基于 PC 平台的矢量绘图软件，它使用直观的 矢量插图和页面布局工具创建卓越的设计。使用专业照片编辑软件，润饰和增强照片效果， CorelDRAW 更可以轻松地将位图图像转换为可编辑和可缩放矢量文件。它被广泛地应用于 平面广告设计、文字排版、商标设计、标志制作、模型绘制、插图描画、装帧设计、分色输 出等诸多领域。CorelDRAW 的最新版本为 CorelDraw Graphics Suite X4，它在原有版本的基 础上增加了许多新的功能，为用户提供了更加简化的工作界面，以及交互式表格、文本格式 实时预览、字体识别、页面无关层控制、交互式工作台控制、高级图像编辑功能等。

本 章 小 结

本章主要介绍了计算机图像处理中最基本的概念，重点介绍了图像的色彩模式与存储 格式。明确各种不同图像文件格式之间的特点与区别，将为日后的设计工作打下坚实的基 础。此外了解相关的平面设计软件与输入输出设备也是一个设计人员必须掌握的技能。

第 2 章　Photoshop CC 基础入门

　　本章内容是 Photoshop CC 软件工具的基本操作，主要介绍 Photoshop CC 的界面环境和软件特点，以及常用工具的编辑操作。

2.1　Photoshop CC 操作界面

　　Photoshop CC 的工作界面与以前的版本相比有一定的改进，它采用了文档型界面，图像处理空间更加开阔，工具的切换也更加便捷，为用户提供了更为人性化的工作环境，如图 2.1 所示。

图 2.1

2.1.1　菜单栏

　　菜单栏位于 Photoshop CC 界面的最上端，分为两部分，如图 2.2 所示，包括 11 个菜单选项，分别为文件、编辑、图像、图层、类型、选择、滤镜、3D、视图、窗口、帮助。每个菜单都有自己相应的下拉菜单，其中黑色显示的命令为当前可执行的操作。

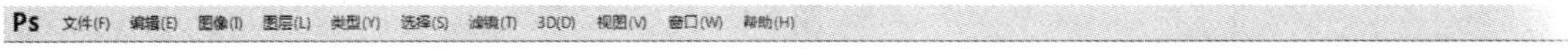

Ps　文件(F)　编辑(E)　图像(I)　图层(L)　类型(Y)　选择(S)　滤镜(T)　3D(D)　视图(V)　窗口(W)　帮助(H)

图 2.2

2.1.2　工具选项栏

　　工具选项栏位于菜单栏下方，用于设置当前工具的各种选项，其显示内容会随着所选工具的不同而发生相应变化。执行"窗口/选项"命令，可以显示或隐藏工具选项栏，如图 2.3 所示。

图 2.3

2.1.3　工具箱

工具箱默认状态下位于界面的左端，如图 2.4 所示。它包括了创建和编辑图像、页面元素等工具，当光标悬停在某一按钮上时，该工具的名称及快捷方式会自动显示。按钮右下角的黑色小箭头表示该工具为一个工具组，具有隐藏工具，单击黑色小箭头即可看到。

单击工具栏左上角的双箭头 ，可将工具箱切换为单排或双排显示。按住鼠标向右拖动可将工具栏拖出放置在任意位置。

恢复初始界面可从菜单栏窗口中选择相应选项，或在基本功能中选择相应工作区设置。

图 2.4

2.1.4　文档窗口

打开文件后，Photoshop CC 将自动创建一个文档窗口，当打开多个文件后，文档窗口会以选项卡的方式显示，如图 2.5 所示。

图 2.5

2.1.4.1　标题栏

文档标题栏显示了文件名、文件格式、缩放比例、图层、颜色模式等信息，如图 2.6 所示。若文件尚未保存，最后会有一个星号作为提示。若用户打开了多个文档，当前活动文档的标题栏会以高亮显示。在菜单栏"排列文档"中可以选择不同的文档显示方式，在文档标题栏上单击并拖动可以改变文档在窗口中的位置。另外，在标题栏上右击将跳出快捷菜单。

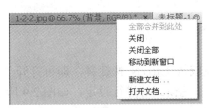

图 2.6

Photoshop CC 中，在文档窗口的空白处或对象上右击即可显示快捷菜单。

2.1.4.2　状态栏

文件打开后，在文档窗口的最下端显示文件信息的区域，如图 2.7 所示。用户可以在这里输入数值以改变窗口比例显示。单击黑色箭头会跳出选项菜单，用户可以按照不同需要查看相应内容。按住 Ctrl 键单击可以显示图像的拼贴宽度等信息。

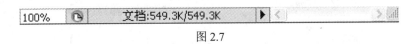

图 2.7

2.1.5　控制面板

Photoshop CC 的控制面板可以用来编辑、修改图像，控制工具的各种参数设置。控制面板可以单个或成组显示，并且可以拖动到窗口的任意位置，如图 2.8 所示。

图 2.8

2.2 文件的基本操作

2.2.1 新建文件

选择"文件/新建"命令或按 Ctrl+N 快捷键，即可打开"新建"对话框。用户可对文件的名称、大小、分辨率、颜色模式等进行设定，如图 2.9 所示。

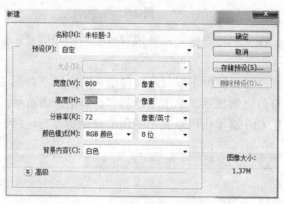

图 2.9

（1）名称：设定文件名，或者可以使用系统默认的文件名。
（2）预设/大小：可在下拉列表中选择文件大小或者自定义。

（3）宽度、高度：设定文件的宽度和高度，在下拉列表中可选择不同的单位。

（4）分辨率：设定文件的分辨率，在下拉列表中可选择不同的单位。

（5）颜色模式：选择文件的颜色模式。

（6）背景内容：设定文件的背景色。白色为默认，背景色会以工具箱当前的背景色为背景，透明指创建透明背景。

（7）高级：单击"高级"前面的箭头可显示隐藏选项。要注意的是，计算机显示器的图形都为方形像素构成，而用于视频的图像按格式不同在下拉菜单中有多种选择。

（8）存储预设：单击"存储预设"按钮，将打开"新建文档预设"对话框。用户可以在这里设定自己的预设值，从而免去重复设定的麻烦，如图 2.10 所示。

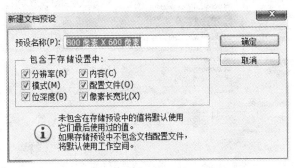

图 2.10

（9）删除预设：选择自定义预设后，单击该按钮即可将其删除。但系统自带的预设值不能被删除。

2.2.2　打开文件

Photoshop CC 提供了多种打开文件的方式，这里介绍常用的几种方法。

（1）选择"文件/打开"命令或使用 Ctrl+O 快捷键打开文件。

（2）选择"文件/在 Bridge 中浏览"命令（按 Alt+Ctrl+O 快捷键）或打开 Adobe Bridge，从中选取一个文件，双击即可打开。

（3）选择"文件/打开为"命令（按 Alt+Shift+Ctrl+O 快捷键）打开文件。当文件格式与扩展名不符，Photoshop CC 无法确定文件格式时，需要选择此种打开方式。选择此命令后，在弹出的对话框中选择需要打开的文件，然后在下拉列表中选择正确的格式，单击"打开"按钮即可。

（4）选择"文件/打开为智能对象"命令打开文件。使用此种方式将文件打开后，该文件将转化为智能对象。"图层"面板缩略图右下角会有一个标志出现。

（5）选择"文件/最近打开的文件"命令打开文件。Photoshop CC 在这里保留了最近打开过的文件，单击文件名即可打开相应文件。清除目录可单击最下方的"清除最近"。在 Photoshop CC 首选项中还可改变列表数量。

（6）将文件拖动到 Photoshop CC 应用程序图标上也可运行 Photoshop CC 并打开该文件。

2.2.3 存储文件

选择"文件/存储"命令或使用 Ctrl+S 快捷键保存，文件会按照原有格式保存。如果是新建的文件，则会跳出"存储为"对话框，如图 2.11 所示。

图 2.11

选择"文件/存储为"命令或使用 Ctrl+Shift+S 快捷键保存。可将文件保存为其他名称、格式或位置。

"存储为"对话框：

（1）保存在：选择文件保存的位置。

（2）文件名/格式：可在此设定文件名，在下拉列表中选择相应格式。

（3）作为副本：选中该选项后，将在源文件同一位置保存一个副本文件，源文件依然为打开状态。

（4）Alpha 通道/图层/注释/专色：选择时保存相应信息。

（5）缩略图：为文件创建一个缩略图。

（6）使用小写扩展名：将文件扩展名设置为小写。

选择"文件/存储为 Web 和设备所用格式"命令或使用 Alt+Ctrl+Shift+S 快捷键保存。可通过选项优化图像以适应网页的需求。

2.2.4 导入与导出文件

在 Photoshop CC 中进行图片编辑操作时，需要使用其他软件中编辑过的图像，从而会使用到导入和导出的命令。

选择"文件/导入"命令，可以将其他设备上的图像文件或 PDF 文件导入到图像窗口中，如图 2.12 所示。

图 2.12

选择"文件/导出"命令，可以将在 Photoshop CC 中处理完成的图像文件导出成其他软件支持的文件格式，如图 2.13 所示。

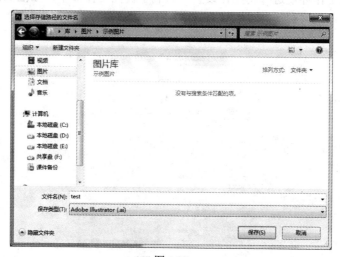

图 2.13

2.2.5　置入文件

选择"文件/置入"命令，可以在 Photoshop CC 中置入 EPS 格式、PDF 格式、TIFF 格式等多种类型的文件。

单击"文件/置入"命令后，在弹出的对话框中选择需要置入的文件，单击"置入"按钮即可将选中文件置入到图像窗口中，如图 2.14 所示。

图 2.14

2.3　Photoshop CC 初始化设置

选择"编辑/首选项/常规"命令，即可在弹出的"首选项"面板中对 Photoshop CC 进行初始化设置。单击对话框左侧列表中的选项，右侧即可显示相应的面板，并可以根据实际需要对软件的工作环境进行初始化设置，有利于提高工作效率，如图 2.15 所示。

图 2.15

2.3.1　常规

通过对列表中的"常规"选项进行设置，可以对 Photoshop CC 中界面的字体大小、色彩的拾取、历史记录等进行初始化的设定，如图 2.16 所示。

图 2.16

"常规"对话框介绍如下：

（1）拾色器：提供了 Adobe 与 Windows 两种类型的拾取方式。

（2）图像差值：提供了设置图像缩放或调整大小时所使用的方法。

（3）选项：提供了在软件操作过程中各种简便的工具。

（4）历史记录：提供了保存历史记录的相关信息与设置。

2.3.2　界面

通过"界面"设置可以更改 Photoshop CC 的工具箱、通道、菜单颜色等，如图 2.17 所示。

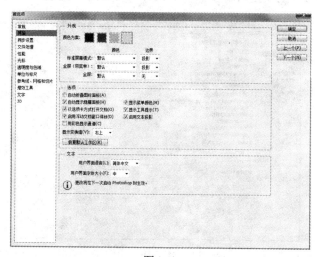

图 2.17

"界面"对话框介绍如下：

（1）常规：对整个软件工作界面的颜色进行调整。

（2）选项：设置软件面板的显示模式与位置。

（3）文本：设置软件界面中文字的语种和大小。

2.3.3　同步设置

通过对列表中的"同步设置"选项进行修改，可以查看软件安装时的 Adobe 用户名，并将多个功能命令进行同步化设置，如图 2.18 所示。

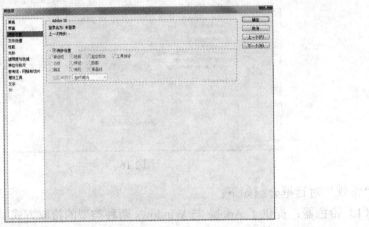

图 2.18

"同步设置"对话框介绍如下：

（1）Adobe ID：查看用户在安装软件时所使用的 Adobe 用户名。

（2）同步设置：将多个不同功能进行同步设定。

2.3.4　文件处理

"文件处理"命令主要是对需要保存的文件进行设定与更改，如图 2.19 所示。

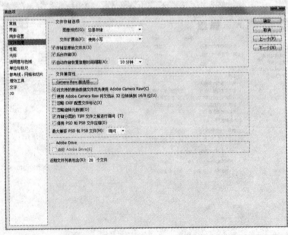

图 2.19

"文件处理"对话框介绍如下：

（1）图像预览：设定在储存图像时是否储存缩略图。

（2）文件扩展名：选取图像时，文件的扩展名使用大写或小写。

（3）文件兼容性：打开图像时，可根据需要勾选不同的复选框。

（4）近期文件列表包含：控制菜单栏中"文件/最近打开文件"中显示文件的个数。

2.3.5　性能

在使用 Photoshop CC 的过程中，软件会默认使用操作系统所在的硬盘作为主暂存盘，用于保存软件运行时产生的临时文件。为了提高 Photoshop CC 的运转速度，必须确保主暂存盘有足够的可用磁盘空间，如图 2.20 所示。

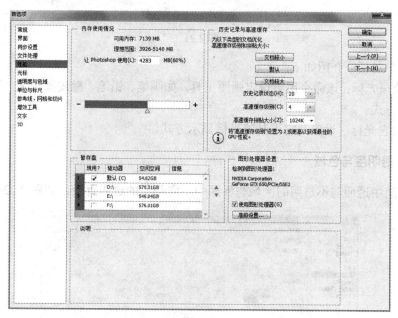

图 2.20

"性能"对话框介绍如下：

（1）内存使用情况：设定 Photoshop CC 所占整台电脑内存的比例，更改后需要重启软件方可生效。

（2）暂存盘：选用可用磁盘空间较大的本地硬盘，更改后需要重启软件方可生效。

（3）历史记录与高速缓存：用于设置被保存的历史记录步骤的数量与图像高速缓存的级别数量。

（4）图形处理器设置：可以激活或增强某些功能，如旋转视图、鸟瞰缩放、智能锐化等。

2.3.6　光标

"光标"命令主要用于设置光标在视图窗口中的显示状态，如图 2.21 所示。

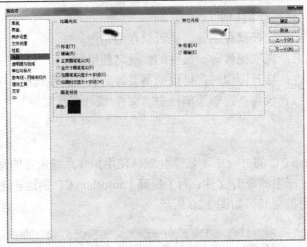

图 2.21

"光标"对话框介绍如下：

（1）绘画光标：该命令用于设定画图工具，如画笔、铅笔、橡皮擦、图案图章工具等的光标显示方式。

（2）其它光标：设定其它工具的光标显示方式。

2.3.7 透明度与色域

设置图层中透明与不透明的区域与界面中不同颜色的透明背景，如图 2.22 所示。

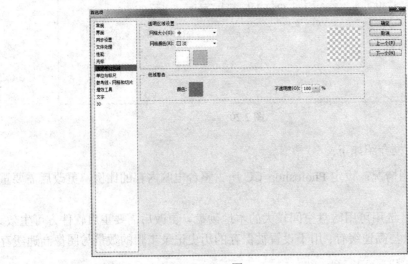

图 2.22

"透明度与色域"对话框介绍如下：

（1）网格大小：控制透明区域中网格的大小。若选择"无"选项，则软件自动填充白色作为透明区域的背景色。

（2）网格颜色：控制透明区域的网格颜色。

（3）色域警告：控制透明区域中不同的颜色和不透明度。

2.3.8　单位与标尺

用于设置 Photoshop CC 中标尺工具的初始状态，如图 2.23 所示。

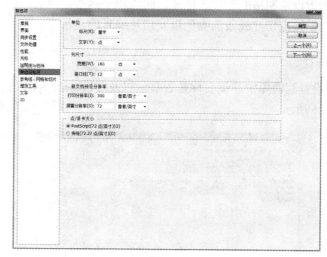

图 2.23

"单位与标尺"对话框介绍如下：

（1）单位：设定标尺工具的初始单位。

（2）列尺寸：用于调整图像的尺寸。

（3）新文档预设分辨率：设定打印与画面的分辨率。

（4）点/派卡大小：根据打印输出设备的性能，调整相应的点数。

2.3.9　参考线、网格和切片

用于设置"参考线"、"网格"、"切片"工具的初始颜色与初始间隔等属性，如图 2.24 所示。

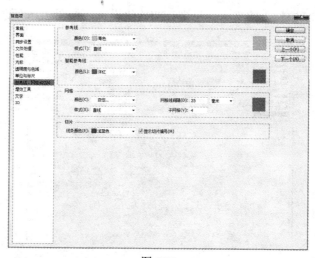

图 2.24

"参考线、网格和切片"对话框介绍如下：

（1）参考线：用于更改"参考线"的颜色与显示样式。

（2）智能参考线：用于修改"智能参考线"的颜色。

（3）网格：用于设定网格的颜色、样式、间隔和子网格。

（4）切片：用于设定切片线条的颜色以及切片编号的显示。

2.3.10　增效工具

增效工具用于设置滤镜库中滤镜名称是否显示以及 Photoshop CC 的扩展面板是否允许被加载，如图 2.25 所示。

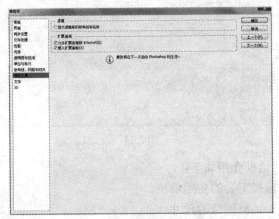

图 2.25

"增效工具"对话框介绍如下：

（1）滤镜：是否显示滤镜库中所有的组合名称。

（2）扩展面板：控制扩展面板与 Internet 的链接与载入。

2.3.11　文字

对 Photoshop CC 中输入的文本信息进行初始化设置，如图 2.26 所示。

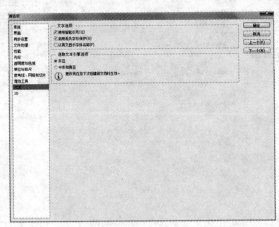

图 2.26

"文字"对话框介绍如下：

（1）文字选项：在输入文本信息时，提供了"智能引号"的功能，对于无法识别的字体，会用感叹号代替。

（2）选取文本引擎选项：文字输入显示时所用的引擎。

2.3.12　3D

用于控制 Photoshop CC 中 3D 功能对显存的占用比例，以及 3D 相关材质、颜色、摄像机的初始化设置，如图 2.27 所示。

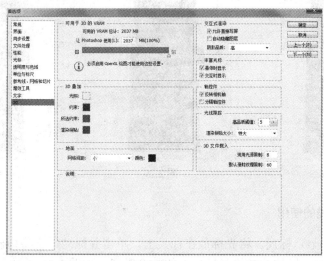

图 2.27

3D 对话框介绍如下：

（1）可用于 3D 的 VRAM：设置 Photoshop CC 在使用 3D 功能时，所占用计算机显存的比例。

（2）3D 叠加：设定在进行 3D 操作时高亮显示的参考线的颜色。

（3）交互式渲染：用于设置在对 3D 操作进行渲染时的初始化状态。

（4）丰富光标：显示光标与对象相关的实时信息。

（5）轴控件：设置相机与视角的坐标系以及设置物体移动、旋转、缩放时的轴向。

（6）光线跟踪：用于定义光机跟踪的品质。

（7）地面：用于指定在 3D 操作过程中可用的地面属性与颜色。

（8）3D 文件载入：为了减轻载入过大的 3D 文件时对计算机造成的负担。该命令限制了载入文件光线的计算次数。

2.4　辅助工具的应用

2.4.1　标尺的使用

标尺可以帮助用户确定图像或元素的位置。选择"视图/标尺"命令或使用快捷键

Ctrl+R，就可以显示或隐藏标尺。默认情况下，标尺会出现在当前文档窗口的顶部和左侧。

打开图像文件，选择"视图/标尺"命令或使用快捷键 Ctrl+R 显示标尺。如果想重定义标尺的坐标，可将光标放在标尺原点的地方拖拽，到合适位置放开鼠标，标尺的原点会重新设定到用户所拖拽到的位置。双击标尺的左上角可将标尺的原点复位到其默认值，如图 2.28～图 2.30 所示。

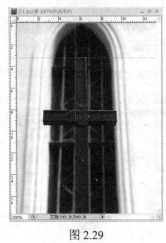

图 2.28　　　　　　　　　　图 2.29　　　　　　　　　　图 2.30

2.4.2　参考线的使用

打开图 2.28，显示标尺。将光标放在标尺上，单击并拖动，则将拖出参考线。若拖动时按住 Shift 键，则可以使参考线与标尺上的刻度对齐，如图 2.31 所示。

选择"视图/新建参考线"命令，将弹出"新建参考线"对话框，可以精确设定参考线的位置，如图 2.32 所示。选择"视图/锁定参考线"命令或使用 Alt+Ctrl+；快捷键，可以锁定现有参考线。

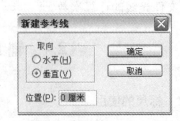

图 2.31　　　　　　　　　　　　　　　　　　图 2.32

将参考线拖回标尺位置可以删除参考线，也可以选择"视图/清除参考线"命令清除所有参考线。

2.4.3　网格的使用

利用网格可以精确地定位，对于对象的布置来说十分有用。选择"视图/显示/网格"命令或者使用 Ctrl+'快捷键，可以控制网格的显示与否。网格显示后，再进行选区创建或图形移动等操作时，对象会自动对齐到网格，如图 2.33 和图 2.34 所示。

图 2.33

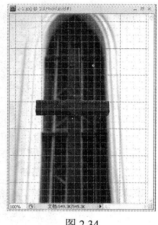
图 2.34

2.4.4　"历史记录"面板

"历史记录"面板可以记录用户对文件进行的各种操作，每次对图像应用更改之后，Photoshop CC 都将自动把图像的新状态添加到"历史记录"面板中。当用户选择其中的某个状态时，图像将恢复到该应用状态。用户可以从该处开始重新工作，或者删除该图像状态。

选择"窗口/历史记录"可以控制该面板的显示与否，或者直接单击控制面板左上角红色方框内的小图标，打开"历史记录"面板，如图 2.35 所示。

Photoshop CC 默认"历史记录"面板列出以前的 20 个状态，用户可以通过设置首选项来更改记录数量。若要保留某个特定的状态，可为该状态创建快照。

图 2.35

2.4.5 标尺工具的使用

单击工具箱中吸管工具下方的黑色小箭头，如图 2.36 所示，在弹出的隐藏菜单中选择标尺工具 ，单击并在画布中拖动，将拖动出一条测量线，如图 2.37 所示，同时按快捷键 F8 打开"信息"面板，在"信息"面板中会显示所测量出的相关信息，如图 2.38 所示。按住 Shift 键可将角度限制为 45°增量。

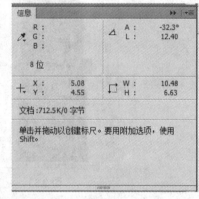

| 图 2.36 | 图 2.37 | 图 2.38 |

要在两个点之间进行测量，单击从起点拖移到终点；要从现有测量线创建量角器，按住 Alt 键并以一个角度从测量线的一端拖动，或双击此线并拖动。

创建测量线后，用户还可以对其进行编辑。要调整线的长短，可拖移现有测量线的一个端点；移动测量线，可将光标放在线上远离两个端点的位置并拖移该线；要移去测量线，将光标放置在测量线上远离端点的位置，并将测量线拖离图像或单击工具选项栏中的"清除"。

2.4.6 对齐命令

对齐命令有助于精确放置选区边缘、裁剪选框、切片、形状和路径。选择"视图/对齐"命令或使用 Shift+Ctrl+；快捷键来启用或停止对齐功能，复选标记表示已启用对齐功能；在启用对齐功能的情况下，用户可以选择"视图/对齐到"命令，指定要与之对齐的不同元素，如图 2.39 所示。当然，在实际操作过程中，对齐命令有时也会妨碍用户正确地放置图像元素。

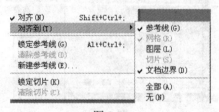

图 2.39

如果只想启用一个选项的对齐功能，在对齐命令处于禁用状态时，然后选择"视图/对齐到"命令并选择一个选项，即可自动为选中的选项启用对齐功能，同时取消选择所有其他"对齐到"选项。

2.4.7　缩放工具

选择菜单栏或工具箱中的缩放工具按钮，或按快捷键 Z，即可选择缩放工具，同时光标会变为。将光标放在画面中，单击会将图像放大到下一个预设的百分比，图像会以单击的点为中心显示区域居中。放大级别超过 500% 时，图像的像素网格将可见。当图像到达最大放大级别 3200% 或最小尺寸 1 像素时，放大镜看起来是空的。选择缩放工具后，单击并按住不放，可获得连续运动的平滑放大。按住 Alt 键不放，可将缩放工具临时改变为放大或缩小。

在放大工具被选中的状态下，单击图像并拖动，在图像上会出现一个虚线框，如图 2.40 所示，松开鼠标，框内的图像会充满整个窗口，如图 2.41 所示。利用这种方式可以放大或缩小查看某一特定区域内的图像。

图 2.40　　　　　　　　　　　　　　　　图 2.41

缩放工具选项栏如图 2.42 所示。

（1）调整窗口大小以满屏显示：选择此选项后，进行缩放操作的同时会自动调整窗口大小。

（2）缩放所有窗口：选择此选项后，再进行缩放操作将会影响所有打开的图像。

（3）细微缩放：每次缩放图像时更加细致。

（4）100%：单击后图像将以实际像素显示。

（5）适合屏幕：单击后图像在窗口中将最大化显示。

（6）填充屏幕：单击后图像填满整个显示屏幕。

图 2.42

选择"视图/放大"（Ctrl++）或"视图/缩小"（Ctrl+-）命令也可以做出相应的调整。当放大或缩小到极限时，此命令失效。

2.4.8 抓手工具与旋转视图工具

当一个图像不能显示全部显示时，选择抓手工具移动画面，以查看图像的不同区域，如图 2.43 所示。

图 2.43

单击工具箱中的 🖐 按钮或使用快捷键 H，可将当前工具设为抓手工具。单击并拖动，即可移动画面。

单击"旋转视图工具"按钮或使用快捷键 R，可以将当前工具设为旋转视图工具。单击并拖动，即可旋转画面。

当窗口不能完全显示图像时，双击工具箱中的抓手工具可使图像适合屏幕大小。

在使用大多数工具时，按住空格键都可临时切换为抓手工具。

2.4.9 "导航器"面板

用户可以使用"导航器"面板快速更改图片的视图，其结构如图 2.44 所示。

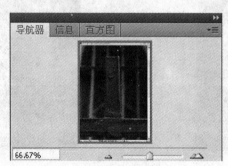

图 2.44

要显示"导航器"面板，可以选择"窗口/导航器"命令。

要更改放大率，可在文本框中键入一个值，或单击"缩小"或"放大"按钮或拖移缩放滑块。

要移动图像的视图，拖移图像缩览图中的代理视图区域，也可以单击图像缩览图来指定可查看区域。

2.4.10 使用裁剪工具

在图像处理中经常用到裁剪功能，以删除图像中不需要的部分。可以使用裁剪工具、"裁剪"命令和"裁切"命令来裁剪图像。

单击工具箱中的裁剪工具按钮 🔲 或按快捷键 C，选择裁剪工具。在画布中要保留的部分单击并拖动，可创建一个裁剪框，如图 2.45 所示。创建选框后，用户还可以调整裁剪选框。按下 Enter 键或右击，在跳出的快捷菜单中选择"裁剪"后即可完成裁剪，裁剪后的图像如图 2.46 所示。

图 2.45　　　　　　　　　　　　　　　　图 2.46

拖动出裁剪框后的工具栏如图 2.47 所示。

图 2.47

（1）裁剪区域：如果图像中包含多个图层或没有背景图层，则此选项可用。

（2）屏蔽、颜色、不透明度：勾选此选项后，被裁剪掉的区域将被"颜色"选项内的颜色屏蔽。

（3）透视：选择该选项后，调整裁剪框的控制点，可对图像应用透视变化。

选择裁剪工具后，工具选项栏如图 2.48 所示。

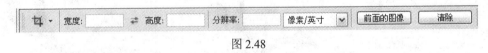

图 2.48

（1）宽度、高度、分辨率：可在文本框内输入相应数值，裁剪后的图像将由用户输入的数值决定。

（2）前面的图像：若要基于另一图像的尺寸和分辨率对当前图像进行取样，则需要先打开依据的那幅图像，选择裁剪工具，然后单击此按钮即可。

（3）清除：在宽度、高度、分辨率的文本框中输入数值，Photoshop CC 会将其记录下来。

单击该按钮，可将这些内容清除，恢复到默认状态。

使用选区工具（快捷键 M）来选择要保留的图像部分，再选取"图像/裁剪"命令也可裁剪图像，如图 2.49～图 2.51 所示。

图 2.49

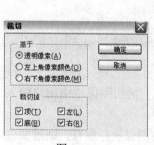

图 2.50

图 2.51

利用裁切命令裁剪图像。选择"图像/裁切"命令，在打开的裁切对话框中选择透明像素选项，单击"确定"按钮，可将图像周围的透明区域裁掉，如图 2.52～图 2.54 所示。

图 2.52

图 2.53

图 2.54

案例教学：利用标尺工具矫正倾斜的图像

打开文件练习（图 2.55），仔细观察发现，该图片拍摄时水平线稍微有些倾斜。利用标尺工具，我们可以很方便地矫正图像倾斜。

图 2.55

　　选中标尺工具后，沿中间亭台上方应水平的部分画一条测量线。

　　选择"图像/图像旋转/任意角度"命令。这时发现拉直图像所需的正确的旋转角度已经被自动输入到"旋转画布"对话框中。单击"确定"按钮，图像将被旋转到正确的角度，如图 2.56 所示，之后用户按实际需要，再稍作裁剪即可。

图 2.56

本 章 小 结

　　本章主要介绍了 Photoshop CC 的界面和基本操作，所授内容是学习 Photoshop CC 的基础。重点应掌握文件的打开、保存操作，图像的旋转、裁切和辅助工具的使用，为以后的深入学习打下良好的基础。

第3章 基础图像编辑操作

在使用 Photoshop CC 对图像编辑的过程中，首先要掌握对图像大小、方向的控制。其次，精确而快速地选择图像也很重要，因为 Photoshop CC 只可以对图像选择范围内的区域进行编辑操作。要做到精确选择，就要熟练掌握这些选择工具，什么样的图像适合用什么的方式进行选择是本章重点要掌握的内容，在此基础上要求能够熟练运用相关工具进行图像的编辑。

3.1　图像的整体复制

复制是 Photoshop CC 对于图像文件最基础的操作之一。在实际的项目制作中会经常使用到复制命令。

选择"图像/复制"命令，打开"图像复制"对话框，就可以对图像进行复制，生成一个独立的图像文件，如图 3.1 所示。复制完成后，在标题栏中可以看到新复制出来的图像。如图 3.2 所示。

图 3.1

图 3.2

3.2　图像的尺寸与旋转

3.2.1　修改图像大小

选择"图像/图像大小"或按快捷键 Alt+Ctrl+I，打开"图像大小"对话框，如图 3.3 所示。

（1）调整为：下拉菜单中可以使用现成的比例尺寸对图像进行修改。

（2）"宽度"、"高度"：输入数值可直接自定义修改图像大小，在下拉框中还可以变更图像的度量单位。如果不要保持图像宽高比，则单击"宽度"、"高度"左侧的链条形图标。

（3）分辨率：用于修改图像文件的精度。

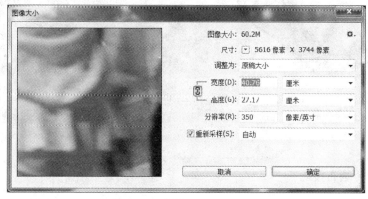

图 3.3

3.2.2 修改画布大小

画布是图像的完全可编辑区域。选择"图像/画布大小"命令或使用快捷键 Alt+Ctrl+C，可打开"画布大小"对话框，如图 3.4 所示。使用该命令可以增大或减小图像的画布大小，增大画布的大小会在现有图像周围添加空间，减小图像的画布大小则会裁剪图像。如果增大带有透明背景的图像的画布大小，则添加的画布是透明的。如果图像为非透明背景，则添加的画布的颜色将由用户所选择的选项决定。

（1）当前大小：显示文档当前大小和宽度、高度的数值。

（2）新建大小：在文本框中输入完新数值后，这里会显示修改后的文档大小。

（3）相对：勾选此选项后，上面文本框的数值则定义为要从当前画布添加或减去的数量。

（4）定位：单击某个方块指示现有图像在新画布上的位置，如图 3.5 所示。

（5）画布扩展颜色：可在下拉列表中选择相应颜色，或单击旁边的小方框打开拾色器选择，原始图像如图 3.6 所示，执行操作后的图像如图 3.7 所示。

图 3.4

图 3.5

图 3.6

图 3.7

3.2.3　旋转画布技巧

　　使用"图像/图像旋转"命令可以旋转或翻转整个图像，如图 3.8 所示。用户可以根据实际需求对图像进行各种角度的旋转与翻转。本书仅以"垂直翻转为例"，原始图像如图 3.9 所示，垂直翻转画布后的图像如图 3.10 所示。

图 3.8

　　除了系统预设的调整角度外，用户还可以自行设定旋转的角度，选择"任意角度"就会跳出"旋转画布"对话框，如图 3.11 所示。在文本框中输入角度，单击"确定"按钮即可。

图 3.9

图 3.10

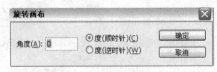

图 3.11

　　注意："图像旋转"命令不适用于单个图层或图层的一部分、路径以及选区边界。

3.3 选区的创建与编辑

3.3.1 选区的概念

当用户需要对图像局部进行操作时，Photoshop CC 提供了选区的操作。选区可以用于分离图像的一个或多个部分，或将用户的操作限定为只对选定区域内生效，而不会对选定区域外产生影响，如图 3.12 和图 3.13 所示。选区技术的熟练把握，能够提高绘图的效率和效果，因此选区的应用是 Photoshop 软件学习中要重点掌握的内容之一。

图 3.12　　　　　　　　　　　　　　　图 3.13

3.3.2 选区的创建操作

Photoshop CC 提供了单独的工具组，用于建立栅格数据选区和矢量数据选区。通过确定选区，用户可对选区内的图像进行复制、移动、粘贴和存储等操作。

3.3.3 选框工具

单击左侧工具栏中的"选框工具"，或按快捷键 M，可以打开选框工具选择，如图 3.14 所示。Photoshop 为用户提供了 4 种不同的"选框工具"，应用于对矩形、正方形、椭圆形和圆形图像区域的选择。

图 3.14

（1）矩形选框工具：用于创建一个矩形选区（配合 Shift 键可创建正方形选区）。
（2）椭圆选框工具：用于创建一个椭圆形选区（配合 Shift 键可创建正圆形选区）。
（3）单行选框工具：用于创建一个将边框定义为宽度为 1 个像素的行。
（4）单列选框工具：用于创建一个将边框定义为宽度为 1 个像素的列。

使用矩形选框工具或椭圆选框工具，按住鼠标左键，在要选择的区域上拖移即可。若用户要从选框的中心拖动，在开始拖动之后按住 Alt 键即可，从角开始拖动后如图 3.15 所示，按 Alt 键从中心拖动后如图 3.16 所示。

图 3.15

图 3.16

3.3.4　套索工具

单击界面左侧工具栏中的"套索工具"图标或按快捷键 L 即可使用套索工具对图像进行不规则区域的选择，如图 3.17 所示。

图 3.17

（1）套索工具：主要应用于绘制选区边框的手绘线段，选择套索工具后，按住鼠标左键并拖动，可以绘制手绘的方式选取选区边界。

（2）多边形套索工具：一般用于创建多边形的选区。选择工具后，在图像上单击，可在单击的位置获得套索节点，多个节点相连，最终获得选区。在创建套索节点发生错误时，可按 Backspace 键进行回退操作，创建选区如图 3.18 所示，完成选区创建后如图 3.19 所示。

图 3.18

图 3.19

（3）磁性套索工具：可以根据图像的色差，套索节点自动识别并吸附在图像上的一种选区创建工具。在图像边缘单击，即可创建选区节点，如图 3.20 所示。在创建套索节点发生错误时，可按 Backspace 键进行回退操作。

图 3.20

3.3.5 快速选择工具

单击界面左侧工具栏中的"快速选择工具"图标或按快捷键 W 即可使用该工具对图像不规则区域进行选择，如图 3.21 所示。

图 3.21

（1）快速选择工具：利用可调整的圆形画笔笔尖快速"绘制"选区。拖动时，选区将向外扩展并自动查找和跟随图像中定义的边缘。当用户使用"快速选择工具"时，在软件的选项栏中有对应的辅助工具，如图 3.22 所示。

图 3.22

选项栏中提供的按钮分别为：新建选区、增加选区、减少选区。

单击画笔下拉栏，可以修改"快速选择工具"笔刷的大小。

当勾选"对所有图层取样"时，可从所有的图层中获得选区，反之则仅对当前图层进行操作。

勾选"自动增强"选项后可以优化选区的精确度。

（2）魔棒工具：可以基于与单击的像素的相似度，选择颜色一致的区域，而不必跟踪其轮廓，如图 3.23 所示。图 3.23 中，景物为绿色，背景为白色，使用魔棒工具单击背景的白色，即可将图像中的所有白色区域选中。

图 3.23

当用户使用"魔棒工具"时，在软件的选项栏中有对应的辅助工具，如图 3.24 所示。

图 3.24

选项栏中前 4 个图标分别为新建选区、增加到选区、从选区减去、与选区交叉。

"取样大小"决定了魔棒工具在识别颜色时采样的对象大小区域。

"容差"决定了像素色彩的差异。参数在 0～255 之间。数值越小，采样的颜色相似度越高，数值越大，采样的颜色相似度越低。

"消除锯齿"可以在创建选区时得到较为平滑的边缘。

"连续"在勾选后只可选择与采样处相邻且在"容差"值范围内的区域。若未勾选则可同时选取图像中所有在与采样点颜色的"容差"值范围内的区域。

"对所有图层取样"在勾选后可以同时从所有的图层中获得选区，反之则仅对当前图层进行操作。

3.3.6　"色彩范围"创建选区

单击"选择/色彩范围"命令，可以打开"色彩选择"对话框，如图 3.25 所示。该命令可以选择图像内所有指定的颜色和颜色的子集。一般适用于边缘较为清晰或者色彩反差较为强烈的图像。

（1）选择：在其下拉菜单中可以选择不同的颜色，并基于该颜色在图像中生成对应的选区。

（2）颜色容差：控制选取颜色的范围，参数值越大选区也越大，参数值越小选区也越小。

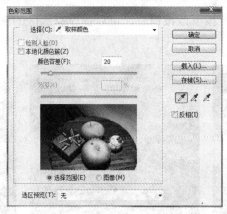

图 3.25

（3）"选择范围"与"图像"：选中"选择范围"则预览窗口中以黑白方式显示，选择"图像"时，则预览窗口中显示原始图像。

（4）选区预览：下拉菜单中有 Photoshop CC 为用户提供的 5 种预览模式。

（5）📎📎📎：该组按钮依次为"吸管工具"、"增加采样"、"从采样中去除"。"吸管工具"可以直接在图像上获得采样颜色；"增加采样"可以在原有的采样颜色上增加采样颜色；"从采样中去除"则可以将已经采样的颜色去除。

（6）反向：勾选后可将图像中已经选择的区域与未被选择的区域进行对调。

3.3.7　整体选择

单击"选择/全部"或按快捷键 Ctrl+A，可以快速选择整个画布。

Photoshop CC 还提供了其他大量的选择方式，在以后相应的章节中会继续介绍。

3.4　选 区 的 编 辑 与 调 整

用户运用上一节中介绍的各种工具，完成了选区的创建后，即可对已经创建的选区进行进一步的编辑与调整。

3.4.1　选区的运算

在图像中已经存在选区的情况下，当使用选框、套索、魔棒等选择工具继续创建新选区时，可以在工具选项栏中设置选取的运算方式，如图 3.26 所示。

图 3.26

（1）创建新选区▣：按下该按钮后，用户可以在图像上创建一个新的选区，在图像中已经存在选区的情况下，新的选区将替换掉原来的选区，如图 3.27 所示。

（2）添加到选区▢：按下该按钮后，可以在原有选区的基础上添加新的选区，如图 3.28 所示。

（3）从选区减去 ：按下该按钮后，可以在原有选区的基础上减去新建的选区，如图 3.29 所示。

　　　　图 3.27　　　　　　　　　　　　图 3.28　　　　　　　　　　　　图 3.29

（4）与选区交叉 ：按下该按钮后，新选区只保留与原有选区相交叉的部分，如图 3.30 和图 3.31 所示。

　　　　　图 3.30　　　　　　　　　　　　　　　　图 3.31

3.4.2　取消选区、重新选择与反向

　　创建选区后，执行"选择/取消选择"命令，或者按快捷键 Ctrl+D，即可取消选择。要恢复取消的选区，可执行"选择/重新选择"命令。对于已经创建好的选区，可以执行"选择/反向"命令，或者按快捷键 Shift +Ctrl +I 即可将图像中选中的区域与未被选择的区域进行对调。

3.4.3 调整边缘

"调整边缘"命令可以提高选区边缘的品质并允许用户对照不同的背景查看选区，以达到轻松编辑的目的。当图片中存在选区时，执行"选择/调整边缘"命令，或按下工具选项栏中的调整边缘按钮，即可打开"调整边缘"对话框，如图 3.32 和图 3.33 所示。

图 3.32

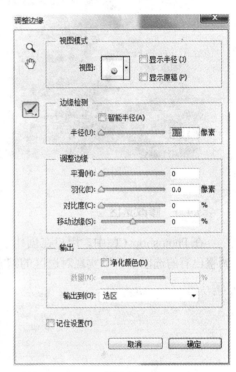

图 3.33

（1）视图模式：可以在"视图"选项右侧的下拉菜单中切换图像的视图显示模式。

（2）边缘检测：决定选区边界周围的区域大小。增加"半径"值可以在包含柔化过渡或细节的区域中创建更加精确的选区边界。

（3）平滑：减少选区边界中的不规则区域以创建更加平滑的轮廓。

（4）羽化：在选区及其周围像素之间创建柔化边缘过渡。

（5）对比度：锐化选区边缘并去除模糊的不自然感。增加对比度可以移去由于"半径"设置过高而导致在选区边缘附近产生的过多杂色。

（6）移动边缘：可以收缩或扩展选区边界。这对柔化边缘选区进行微调很有用。收缩选区有助于从选区边缘移去不需要的背景色。

（7）输出：在"输出到"下拉列表中可以将对当前图像的选区设置输出到其他的编辑环境中。

3.4.4 扩大选取与选取相似

"扩大选取"和"选取相似"命令都用来扩展选区，Photoshop CC 会基于工具选项栏中的容差值决定选区的扩展范围。这两个命令主要针对"魔棒工具"使用。

执行"选择/扩大选取"命令可以包含所有位于"魔棒"选项中指定的容差范围内的相邻像素如图 3.34 所示。执行"选择/选取相似"命令可以包含整个图像中位于容差范围内的像素，而不只是相邻的像素，如图 3.35 所示。

　　要以增量扩大选区，可以多次执行上述命令。

图 3.34　　　　　　　　　　　　　　　　　　　图 3.35

3.4.5　修改选区

　　在 Photoshop CC 中，用户在创建了选区后，可以通过单击"选择/修改"命令来进一步调整已有的选区。可以实现对选区的缩放、消除锯齿和平滑硬边缘等效果，如图 3.36 所示。

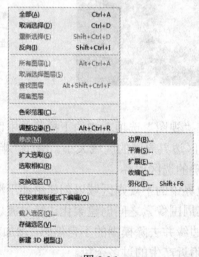

图 3.36

　　（1）边界：该命令弹出的对话框可以在图像选区的轮廓边缘创建出边框的效果。

　　（2）平滑：该命令弹出的对话框可以使图像中的选区轮廓边缘更加的柔和、圆滑。

　　（3）扩展：在弹出的对话框中输入数值，可以根据数值的大小放大选区。

　　（4）收缩：在弹出的对话框中输入数值，可以根据数值的大小缩小选区。

　　（5）羽化：通过建立选区和选区周围像素之间的转换边界来模糊边缘。该模糊边缘将丢失选区边缘的一些细节。用户可以在使用选择工具前定义羽化值，也可以向现有的选区中添加羽化，如图 3.37～图 3.39 所示。

图 3.37

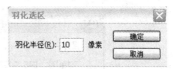

图 3.38

图 3.39

3.4.6 变换选区

在创建完成选区后，执行"选择/变化选区"命令。

（1）缩放：在原有的选区上会出现一个矩形的晶格变形器。按住鼠标左键拖拽晶格变形器上的小方格，即可对选区进行缩放操作。

（2）旋转：将光标放置在晶格外部，可以对选区进行旋转。

（3）移动：将光标放置在晶格变形器内部任意位置进行拖拽可以对选区进行移动。

（4）变形：按住键盘上的 Ctrl 键，同时按住鼠标左键拖拽矩形晶格变形器 4 个顶点上的小方格，即可对选区进行变形操作，原始选区如图 3.40 所示，变换后的选区如图 3.41 所示。

图 3.40

图 3.41

3.4.7 选区的存储

执行"选择/存储选区"命令，在弹出的对话框中可以对创建出来的选区进行保存，以备随时调用，如图 3.42 所示。

图 3.42

（1）文档：用于设定存储选区的位置。默认为当前图像。

（2）通道：可以为被储存的选区选择记录通道。通道的概念在后面的章节会详细介绍。

（3）名称：设置新的通道的名称，也可以理解为储存的选区的名称。当储存了多个选区时可以加以辨别。

（4）操作：默认状态下为"新建通道"，其他 3 个选项只有在"通道"下拉菜单中选择 Alpha 时才会被激活。

3.4.8 选区的载入

执行"选择/载入选区"命令，在弹出的对话框中可以对已经被保存的选区进行载入调用，使选区快速地出现在当前图像中，如图 3.43 所示。

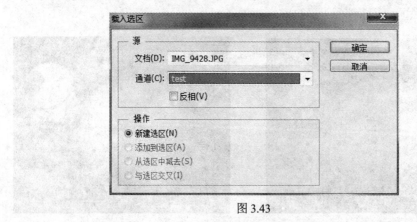

图 3.43

（1）文档：在下拉菜单中可以选择储存的选区来源，通常以当前图像作为来源。

（2）通道：在下拉菜单中选择所需的被储存的选区通道。

（3）反向：勾选后可以将载入的选区与未被选中的区域对调。

（4）操作：默认使用"新建选区"，可以替代已有的选区。若当前没有选区，则直接载入储存的选区。

3.5　图像与选区内图像的变换与移动

使用"自由变换"命令可以对图像进行变换比例、旋转、斜切、伸展或变形处理。用户不仅可以对选区、整个图层、多个图层或图层蒙版应用变换，还可将其应用到路径、矢量形状、矢量蒙版、选区边界或 Alpha 通道上。选择要变换的内容，然后选取变换命令，进行相应调整，然后按 Enter 键即可应用变换。要注意的是，不能对背景图层应用变换，要变换背景图层，要先将其转换为常规图层。

3.5.1　自由变换

打开文件，全选画布或选择图像内的某一区域，然后选择"编辑/自由变换"命令或按快捷键 Ctrl+T。图像四周会出现矩形的变换晶格，如图 3.44 所示。

按住 Ctrl 键，同时按住鼠标左键拖拽矩形晶格变形器四个顶点上的小方格，即可对选区进行变形操作。在变换过程中按需要可选用多种方式，右击即可显示快捷菜单，如图 3.45 所示。最终确定后按 Enter 键或选择应用变换即可。

图 3.44

图 3.45

变换子菜单命令：

（1）缩放：相对于项目的参考点（围绕其执行变换的固定点）增大或缩小项目，可以水平、垂直或同时沿这两个方向缩放。

（2）旋转：围绕参考点转动项目。默认情况下，此点位于对象的中心，用户也可将它移动到另一个位置。

（3）斜切：垂直或水平倾斜项目。

（4）扭曲：将项目向各个方向伸展。

（5）透视：对项目应用单点透视。

3.5.2　图像移动工具

单击软件界面左侧工具箱中的"移动工具"图标 ，该工具可以对选区内的图像或整个图层进行移动操作。"移动工具"的主要属性在其选项栏中进行编辑，如图 3.46 所示。

图 3.46

（1）自动选择：勾选后移动工具单击有图层或图层组的图像时，会在"图层"面板中自动选中对应的图层或图层组。在下拉菜单中对选择图层或图层组进行切换。

（2）显示变换控件：勾选后图像会显示出变换控制调整框，利用该调整框可以直接对图像进行旋转、缩放和变形操作。

（3）对齐 ：选择了多个图像，并需要对图像进行对齐操作时使用。可以进行各个方向上的对齐操作。

打开如图 3.47 所示的图片，利用"磁性套索"工具创建出所需的选区。单击"移动工具"，将图像中选区内的图案进行拖拽移动。移动到另一张图像上叠加，如图 3.48 所示。

图 3.47　　　　　　　　　　　　　　　　　　　　图 3.48

本　章　小　结

本章主要介绍了基本工具和图像的编辑操作，其中选区是 Photoshop CC 里非常重要的概念之一。在图像处理的过程中，我们将用到许多需要调整的特定区域，理解并熟悉选区的操作对接下来的学习是十分必要的。

第4章 图像的修饰工具

在图像编辑处理过程中，对于画面的修复、仿制、美化是经常会用到的功能。Photoshop CC 为用户提供了许多工具来实现对图像的修饰。本章的主要内容是学习如何利用各种不同的工具来实现图像的美化修饰处理。

4.1 修复类工具

修复类工具通过对原有图像的模拟、修复来达到美化画面的效果。主要包括：仿制图章工具、图案图章工具、污点修复画笔工具、修复画笔工具、修补工具、感知移动工具、红眼工具等。

4.1.1 仿制图章工具

单击界面左侧工具箱中的仿制图章工具图标 ，或按快捷键 S，激活"仿制图章工具"，如图 4.1 所示。该工具可以将图像的一部分绘制到同一图像的另一部分，或绘制到具有相同颜色模式的任何打开的文档的另一部分，或将一个图层的一部分绘制到另一个图层。仿制图章工具适用于复制对象或移去图像中的缺陷。在 Photoshop CC 中可以使用仿制图章工具在视频帧或动画帧中绘制内容。

图 4.1

当激活仿制图章工具后，工具栏中也提供了相关的参数供用户操作，如图 4.2 所示。

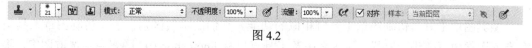

图 4.2

要使用仿制图章工具，在要从其中复制像素的区域上设置一个取样点，并在另一个区域上绘制。要在每次停止并重新开始绘画时使用最新的取样点进行绘制，在如图 4.2 所示的工具栏中选择"对齐"选项。取消选择"对齐"选项则将从初始取样点开始绘制，而与停止并重新开始绘制的次数无关。

打开图 4.3，执行"窗口/仿制源"命令，或单击工具栏中的 图标，即可打开"仿制源"面板，如图 4.4 所示。

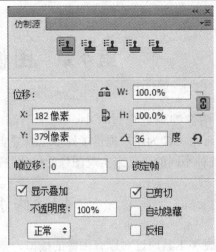

图 4.3　　　　　　　　　　　　　　　图 4.4

选择仿制图章工具，按住 Alt 键在画面中单击，设置取样点。在"仿制源"面板的"位移"部分可以设定约束选项，这里设置旋转 36°。

然后将光标移至画面左侧，单击并拖动鼠标即可复制，如图 4.5 所示。

图 4.5

仿制图章工具使用任意的画笔笔尖，这样就能够准确控制仿制区域的大小,也可以使用不透明度和流量设置以控制对仿制区域应用绘制的方式。

4.1.2　图案图章工具

图案图章工具与仿制图章工具有相似的功能。它们的本质区别在于，仿制图章工具是在当前图像中直接进行取样，而图案图章工具直接从 Photoshop CC 图案库中选取图案，将被选取的图案直接绘制到图像上。

单击界面左侧工具箱中的图案图章工具图标 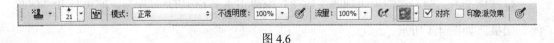，或按快捷键 S，激活图案图章工具，如图 4.1 所示。在激活图案图章工具后，可在该工具的工具栏面板中对填充的图案进行初步调整，如图 4.6 所示。

图 4.6

在工具栏中单击 按钮可以在弹出的对话框中修改图案图章工具的画笔大小与笔刷效果，如图 4.7 所示。单击工具栏中的 图标，在弹出的对话框中单击最右侧的"齿轮形"图标可以打开其下拉菜单。在下拉菜单中单击"艺术表面"、"艺术家画笔画布"等命令，即可加载、选择多个图案库，如图 4.8 所示。当完成了笔刷与图案的选择后，就可以在当前图像上绘制所需的图案了。

图 4.7

图 4.8

下面以一个实例展示图案图章工具的使用效果。打开如图 4.9 所示的原始图像。激活图案图章工具，在其工具栏中打开画笔选择面板，将画笔大小改成 250，并选择 74 号树叶形的画笔，如图 4.10 所示。

图 4.9

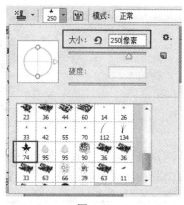

图 4.10

完成了笔刷的设置后，进行图案的选择，打开图案选择面板后，在右侧弹出的菜单中选择"自然图案"。用"自然图案"库中的图案替换原始的默认图案。选择"自然图案"库中的第 3 个图案"常青藤叶"，如图 4.11 所示。

完成了以上操作后，就可以在图像上单击或拖拽，将设定好的图案绘制到画面上，如图 4.12 所示。

图 4.11

图 4.12

4.1.3　污点修复画笔工具

单击左侧工具箱中的图标，或按快捷键 J 就可以激活污点修复画笔工具及其相关工具，如图 4.13 所示。该工具主要用于快速修复图像画面中的污点及其他不协调的部分。在污点修复画笔工具使用时，主要是通过对采集的样本区域中的像素纹理、光线、透明度等与要修复的像素区域进行匹配，以最终实现修复图像的目的。

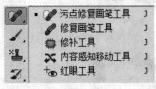

图 4.13

污点修复画笔工具的使用方法非常简便，只要在画面中的污点区域单击或直接拖拽，即可消除该区域中的污点。其主要参数都在工具的选项栏中调整，如图 4.14 所示。

图 4.14

（1）模式：在下拉菜单中可以选择图像的混合模式，以控制图像与合成效果的合成方式。

（2）近似匹配：使周围的像素进行自动修复融合。

（3）创建纹理：图像画面以带有质感的纹理效果进行修复。

（4）内容识别：自动识别画面中的像素效果。

（5）对所有图层取样：勾选后可以同时修复多个图层叠加混合后的画面。

下面以一个实例展示污点修复画笔工具的使用效果。打开原始图像，在该图像画面中可以看到，苹果的表面布满了污垢，在左上方还有一个较大的"坑洞"，如图 4.15 所示。使用"污垢修复画笔工具"就可以将这些污垢以及破损进行修复，如图 4.16 所示。

图 4.15

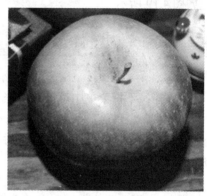
图 4.16

4.1.4 修复画笔工具

修复画笔工具 ✐ 主要用于校正瑕疵，与仿制工具的使用方法类似，使用修复画笔工具可以利用图像或图案中的样本像素来绘画。不同的地方在于，修复画笔工具还可将样本像素的纹理、光照、透明度和阴影与所修复的像素进行匹配，从而使修复后的像素不留痕迹地融入图像的其余部分。

使用该命令时，先按住键盘上的 Alt 键再单击，选择图像修复的原点，然后再到需要修复的图像区域单击或拖拽，以实现修复效果。原始图像中，画面上有较多的划痕与污渍，如图 4.17 所示。经过修复画笔工具处理后的效果如图 4.18 所示。

图 4.17

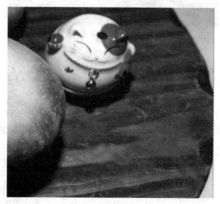
图 4.18

4.1.5 修补工具

单击工具箱中的修补工具图标 ，即可激活修补工具命令。该工具可以使用图像中某个区域的像素来修复另一区域的画面。修补工具与之前介绍的几个工具一样，都是通过匹配像素的光线、透明度、纹理等属性来实现修复效果的。不同的是，前面介绍的两个工具通过画笔来进行修复，而修补工具则使用区域来进行修复。下面介绍"修复工具"的选项栏，如图 4.19 所示。

图 4.19

（1）修补：下拉菜单中可以切换修补的方式。

（2）"源"、"目标"：两者只能选一个。当使用"源"时，需要先框选被修复的区域，再将该区域拖拽到采样区域；当使用"目标"时，先选择采样区域，再将采样区域拖拽到需要被修复的区域中。

（3）透明度：勾选后采样区域与被修补区域重叠后会自动调节透明度。

原始图像中，红色果实表面有两个明显的破损坑洞，如图 4.20 所示。单击修补工具，对带有破损的区域进行框选，然后将选中的区域拖拽到未破损的采样区域。释放鼠标后，选区会根据采样区域的像素进行自动的修复，修补后效果如图 4.21 所示。

图 4.20

图 4.21

4.1.6 内容感知移动工具

单击工具箱中的内容感知移动工具图标 ，即可激活"内容感知移动工具"。该工具主要的作用是将图像中选定区域内的像素嫁接到另一区域中。使用方法与"修补工具"类似。

原始图像中，左侧较小的果实有一块黄褐色的破损，如图 4.22 所示，使用内容感知移动工具选定这处破损的区域，直接拖拽到右侧较大的果实上，从而实现嫁接的效果，嫁接效果如图 4.23 所示。

图 4.22　　　　　　　　　　　　　　　　　　图 4.23

4.1.7　红眼工具

在光线较暗或夜晚进行人像拍摄时，图像中人物的眼球经常会变成红色。利用
Photoshop CC 中的红眼工具可以很好地将眼球还原成正常的色彩。单击界面左侧工具箱中
的红眼工具图标 ，即可激活红眼工具。

红眼工具的主要属性在选项栏中修改，如图 4.24 所示。

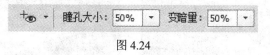

图 4.24

（1）瞳孔大小：控制画面中人物瞳孔的大小。

（2）变暗量：控制画面中人物瞳孔的暗度。

4.2　擦　除　类　工　具

在 Photoshop CC 进行图像编辑的过程中，要清除某些不需要的图像，就会使用到擦除
类工具。此类工具主要包括：橡皮擦工具、背景橡皮擦工具、魔术橡皮擦工具。利用不同
的工具清除画面后，会得到不同的结果。

4.2.1　橡皮擦工具

单击工具中的橡皮擦工具图标 ，或按快捷键 E 即可激活橡皮擦工具，如图 4.25 所
示。利用该工具可将像素更改为背景色或透明。如果用户在背景层或已锁定透明度的图层
中工作，像素将被更改为背景色；否则，像素将被抹成透明。

图 4.25

橡皮擦工具的使用方法与前面介绍过的污点修复画笔工具非常相似。都是以画笔的形式对图像进行修改。其主要的属性设置在工具栏中进行设定，如图 4.26 所示。使用橡皮擦还可使受影响的区域返回到"历史记录"面板中选中的状态。

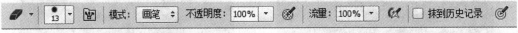

图 4.26

（1）模式：下拉菜单中包含了 3 种擦除的方式。

（2）不透明度：当该数值不为 100%时，擦除后的区域会不同程度地保留原来的图像。

（3）流量：通过数值大小控制擦除区域边缘的不透明度。

（4）抹到历史记录：该选项被勾选后，被擦除的区域不再显示为背景色或透明，而是显示"历史记录"面板中选择的图像。

选择橡皮擦工具后，在需要擦除的部分上拖拽鼠标即可，原始图像如图 4.27 所示，擦除后的效果如图 4.28 所示。

图 4.27　　　　　　　　　　　　　　　　图 4.28

4.2.2　背景橡皮擦工具

背景橡皮擦工具 是一种智能的橡皮擦工具，可以在抹除背景的同时在前景中保留对象的边缘。其主要参数在选项栏中进行设置，如图 4.29 所示。

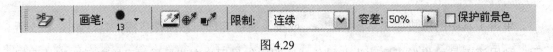

图 4.29

（1）取样按钮 ：依次为连续取样、一次取样、背景色板取样 3 种方式。选择不同的取样方式能获得不同的取样范围。

（2）限制：在下拉菜单中可以选择擦除操作的 3 种范围。

（3）容差：该数值越高，采样涂抹的范围越大，反之则采样范围越小。

（4）保护前景色：勾选后在擦除颜色时，与前景色匹配的区域不会被擦除。

打开图片，如图 4.30 所示，选择背景橡皮擦工具，将光标放在靠近花朵的天空上，光标会变为中间有一个十字线的圆形。软件会自动采集十字线位置的颜色，并对圆形区域内的类似颜色进行擦除，如图 4.31 所示。通过指定不同的取样和容差选项，可以控制透明度的范围和边界的锐化程度，擦除全部背景后的效果如图 4.32 所示。要注意的是，不要让十字线碰到花朵部分，否则也会将其擦除。

图 4.30

图 4.31

图 4.32

4.2.3　魔术橡皮擦工具

魔术橡皮擦工具 ，可将所有相似的像素更改为透明。如果在已锁定透明度的图层中工作，这些像素将更改为背景色。如果在背景中单击，则将背景转换为图层并将所有相似的像素更改为透明，如图 4.33 所示。

容差：32　☑消除锯齿　☑连续　☐对所有图层取样　不透明度：100%

图 4.33

魔术橡皮擦工具选项栏可以设定抹除的像素的位置，在当前图层上是只抹除邻近的像素，还是要抹除所有相似的像素。

打开图片，如图 4.34 所示，选择魔术橡皮擦工具，将容差设定为 90。在图片的天空部分单击，即可擦除天空，如图 4.35 所示。

图 4.34

图 4.35

4.3 图像润饰类工具

利用 Photoshop CC 处理图像的过程中,经常需要将图像部分区域的颜色增强或减弱,从而进一步优化图像的细腻度。主要包括:减淡工具、加深工具、海绵工具、模糊工具、锐化工具、涂抹工具等。

4.3.1 减淡工具

单击工具箱中的减淡工具图标 ,或按快捷键 O 即可激活减淡工具,如图 4.36 所示。减淡工具是用于调节照片特定区域的曝光度的传统摄影技术,可用于使图像区域变亮。用减淡工具在某个区域上方绘制的次数越多,该区域就会变得越亮。

图 4.36

减淡工具的使用方法与其他笔刷类工具一样。在该工具的选项栏中调节笔刷的大小后,在需要进行减淡操作的区域拖拽鼠标即可实现效果。原始效果如图 4.37 所示,减淡背景后的效果如图 4.38 所示。

图 4.37

图 4.38

4.3.2 加深工具

单击工具箱中的加深工具图标 ，或按快捷键 O 即可激活加深工具，如图 4.36 所示。加深工具与减淡工具类似，只是作用正好相反。也是用于调节照片特定区域的曝光度的传统摄影技术，可用于使图像区域变暗。用加深工具在某个区域上方绘制的次数越多，该区域就会变得越暗。

加深工具的使用方法与减淡工具一样。在该工具的选项栏中调节笔刷的大小后，在需要进行加深操作的区域拖拽鼠标即可实现效果。原始图像如图 4.39 所示，加深背景后的效果如图 4.40 所示。

图 4.39

图 4.40

4.3.3 海绵工具

单击工具箱中的海绵工具图标 ，或按快捷键 O 即可激活海绵工具，如图 4.36 所示。海绵工具可以精确地更改区域的色彩饱和度。当图像处于灰度模式时，使用该工具可通过使灰阶远离或靠近中间灰色来增加或降低对比度。

海绵工具的使用方法与减淡工具一样。在该工具的选项栏中调节笔刷的大小后，在需要进行减淡操作的区域拖拽鼠标即可实现效果。

4.3.4 模糊工具

单击工具箱中的模糊工具图标 ，即可激活模糊工具，如图 4.41 所示。模糊工具可柔化硬边缘或减少图像中的细节。其模糊的效果与"滤镜"菜单中的"高斯模糊"效果比较类似，可以对选定区域进行模糊、柔化的处理。

图 4.41

模糊工具的使用方法与其他笔刷类工具一样，先在工具的选项栏中确定笔刷大小、叠加方式以及模糊强度后，在画面选定区域内拖拽鼠标即可实现效果，如图 4.42 所示。

图 4.42

（1）模式：下拉菜单中提供了 7 种不同类型的模糊叠加方式，可以根据实际需要来选择。

（2）强度：该数值越大，则画笔的效果越强。

（3）对所有图层取样：勾选时，"模糊工具"对所有图层产生作用。

运用模糊工具，将画面中摩托车的后部进行了模糊处理，制造出景深的效果。在同一区域重复使用工具会叠加模糊效果。原始图像如图 4.43 所示，远端模糊后的效果如图 4.44 所示。

图 4.43　　　　　　　　　　　　　　　图 4.44

4.3.5　锐化工具

单击工具箱中的锐化工具图标 △ ，即可激活锐化工具，如图 4.41 所示。锐化工具用于增加边缘的对比度以增强外观上的锐化程度，使颜色更加锐利。使用该工具在某个区域上方绘制的次数越多，该区域锐化程度就越强烈。

锐化工具的选项栏与之前介绍的模糊工具相同，具体的操作方法也与模糊工具相同，因此这里不再重复介绍。

4.3.6　涂抹工具

单击工具箱中的涂抹工具图标 ，即可激活涂抹工具，如图 4.41 所示。涂抹工具模拟手指拖过湿油漆时所看到的效果。该工具可拾取描边开始位置的颜色，并沿拖动的方向展开这种颜色。

选择涂抹工具后，在选项栏与之前介绍的模糊工具相同，使用方法也一样，在选项栏中选取画笔笔尖和混合模式选项，即可通过拖拽鼠标实现涂抹效果。原始图像如图 4.45 所示，涂抹后的效果如图 4.46 所示。

图 4.45

图 4.46

本 章 小 结

　　本章主要介绍了使用工具箱中的相关工具用于图像的修复、美化。其中各类工具的综合运用是 Photoshop CC 图像处理过程中非常重要的功能之一。熟练掌握图像修饰工具对接下来的学习是十分必要的。

第5章 颜色与色彩调整

图形图像本身就是视觉艺术，在图形图像处理过程中，颜色的处理和色彩的矫正显得尤为重要。本章重点掌握色彩相关理论、色彩模式及其色彩的编辑调整，以提高图像视觉效果的处理能力。

5.1 色彩模式的转换

执行"图像/模式"命令，可以看到 Photoshop CC 支持的各种色彩模式，如图 5.1 所示。单击各选项即可改变图片的色彩模式，色彩模式与所处理图像的显示与输出有关。另外，我们还可以利用各种不同的色彩模式进行图片效果的处理。在第 1 章已经介绍过色彩模式的相关知识，此处不再过多介绍。

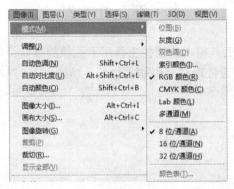

图 5.1

5.1.1 位图模式

位图模式只能在原始图像为灰度模式的情况下才可以使用，只有黑和白两种颜色，常用于绘制线描等操作。执行"图像/模式/位图"命令，可以打开"位图"对话框，如图 5.2 所示。

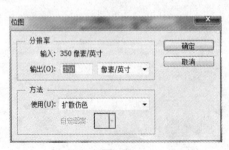

图 5.2

（1）分辨率：通过数值设定图像的分辨率。

（2）方法：在下拉菜单中设定图像转换的模式。

5.1.2　灰度模式

灰度模式的图像由 256 级灰度的黑色和白色构成，该模式只支持黑色与白色。执行"图像/模式/灰度"命令，在弹出的面板中单击"扔掉"，即可将图像转换为灰度模式，如图 5.3～图 5.5 所示。

图 5.3　　　　　　　　　　　图 5.4　　　　　　　　　　　图 5.5

5.1.3　双色调模式

双色调模式中实际包含了单色调、双色调、三色调、四色调 4 种模式。双色调模式只能对灰度模式的图像使用。执行"图像/模式/双色调"命令，可以打开"双色调选项"对话框，如图 5.6 所示。

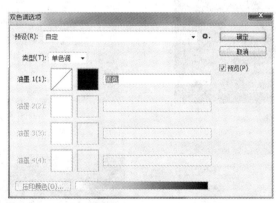

图 5.6

（1）预设：可以设置软件自带的颜色。

（2）类型：包含了单色调、双色调、三色调、四色调 4 种模式。选择"双色调"可以激活"油墨 2"，"三色调"激活"油墨 3"，"四色调"激活"油墨 4"。

（3）油墨：单击左侧线框，在弹出的对话框中可以调整图像的颜色，单击中间的颜色框可以指定颜色，在右侧可以输入颜色的名称。

5.1.4　索引颜色模式

这是 GIF 格式文件默认的颜色模式，最多支持 256 色的 8 位图像文件。当彩色图像被转换为索引颜色时，将构建一个颜色查找表 (CLUT)，用以存放并索引图像中的颜色。执行"图像/模式/索引颜色"命令，可以打开"索引颜色"对话框，如图 5.7 所示。

图 5.7

（1）调板：依据图像的操作需要设定颜色形式。

（2）颜色：设定当前图像的颜色参数，数值越小则图像颜色显示越粗糙。

（3）选项：通过 3 个参数可以控制颜色边线的显示。

打开图 5.8，默认的颜色模式为"RGB 模式"。执行"图像/模式/索引颜色"命令，并设置相关参数，如图 5.9 和图 5.10 所示。最终获得"索引颜色"图像效果，如图 5.11 所示。

图 5.8

图 5.9

图 5.10

图 5.11

5.1.5　RGB 模式

"RGB 模式"是绝大多数位图采用的颜色模式，在该模式中图像由红、绿、蓝 3 种颜色构成。

5.1.6 CMYK 模式

"CMYK 模式"是一种专门用于印刷的颜色模式。CMYK 颜色模式下，主要用于打印输出，C 表示青色、M 表示品红、Y 表示黄色、K 表示黑色。在该模式下，每个像素的每种印刷油墨都被指定一个百分比值。

5.1.7 Lab 模式

"Lab 模式"是 Photoshop CC 提供的一种标准模式，是"RGB 模式"转换为"CMYK 模式"的一种过渡模式。最大的特点在于采用不同的打印输出设备时，最终的打印颜色效果都是相同的。

5.2 颜色创建与调节

创建于管理颜色是 Photoshop CC 操作中非常重要的一个环节，软件为用户提供了强大的颜色创建工具与调节方法。下面就针对颜色的创建与调节来进行介绍。

5.2.1 前景色和背景色

"前景色"与"背景色"图标位于工具箱的最下方，如图 5.12 所示。"前景色"决定了使用绘画工具或创建文字时的颜色，"背景色"决定了使用橡皮擦工具时的颜色、删除区域的颜色以及新增画布的颜色等。

图 5.12

单击工具箱中的吸管工具图标 ，或按快捷键 I 即可激活吸管工具。利用该工具可以在当前图像中采集色样，并指定给前景色或背景色。用户可以从现有图像或屏幕上的任何位置采集色样。

要恢复默认前景色/背景色设置，可以单击左上角的黑白叠加的小方块，或直接按快捷键 D。要切换背景色和前景色，可按快捷键 X，或单击右上角的切换图标。

用户需要手动地对前景色或背景色进行修改，可以直接单击图标，如图 5.12 所示。在弹出的"拾色器"对话框中选择所需的颜色，如图 5.13 所示。

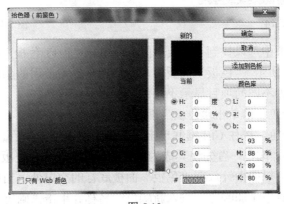

图 5.13

5.2.2 "拾色器"面板

在 Adobe 拾色器中，可以使用 HSB、RGB、Lab 和 CMYK 4 种颜色模型来选取颜色。使用 Adobe 拾色器可以设置前景色、背景色和文本颜色。也可以为不同的工具、命令和选项设置目标颜色，如图 5.13 所示。

（1）在工具箱中，单击前景色或背景色选择框。

（2）在"颜色"面板中，单击"设置前景色"或"设置背景色"选择框。

使用 Adobe 拾色器选取颜色。

（3）通过在文本框中输入颜色分量值。

（4）使用颜色滑块和色域来选取颜色。在颜色滑块中单击或移动颜色滑块三角形，设置一个颜色分量。然后移动圆形标记或在色域中单击。使用色域和颜色滑块调整颜色时，不同颜色模型的数值会相应地进行调整。颜色滑块右侧的矩形区域中的上半部分将显示新的颜色，下半部分将显示原始颜色。在以下两种情况下将会出现警告：颜色不是 Web 安全颜色或者颜色溢出。

（5）在"Adobe 拾色器"窗口的外部选取颜色。当用户将指针移到文档窗口上时，指针会变成吸管工具。

5.2.3 "颜色"面板和"色板"面板

在右侧的控制面板中可以找到"颜色"面板或执行"窗口/颜色"命令，即可打开"颜色"面板，如图 5.14 所示。"颜色"面板用于显示当前前景色和背景色的颜色值。利用该面板中的滑块，用户可以使用几种不同的颜色模型来编辑前景色和背景色，或者从显示在面板底部的四色曲线图的色谱选取前景色或背景色。

当用户选择颜色时，"颜色"面板可能会出现警告。其含义与拾色器中的警告图标相同。

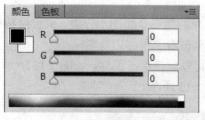

图 5.14

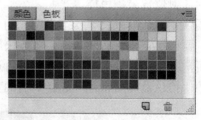

图 5.15

在右侧的控制面板中可以找到"色板"面板或执行"窗口/色板"命令，即可打开"色板"面板，如图 5.15 所示。"色板"面板用于存储用户经常使用的颜色。用户可以在面板中添加或删除颜色，为不同的项目显示不同的颜色库。

（1）要选取前景色，请单击"色板"面板中的颜色。

（2）要选取背景色，按住 Ctrl 键并单击"色板"面板中的颜色。

（3）在色板中添加颜色，首先使其成为前景色，然后单击"色板"面板中的"新建色板"按钮即可。或者可以把指针放在"色板"面板底行的空白处，当指针会变为油漆桶工具后单击，也可在色板中添加颜色。输入新颜色的名称并单击"确定"按钮即可。

（4）要删除"色板"中的颜色，可将鼠标放在要删除的颜色上，单击鼠标右键，在弹出的快捷菜单中选择删除即可。或者按住鼠标左键不放，将该颜色拖到面板底部的垃圾箱中。

5.3　颜色的填充与描边

用户完成了颜色的创建并调整到理想的程度后，就要尝试使用获得的颜色。对选定区域进行填充与描边是颜色主要的使用方式之一。填充的主要工具包括：油漆桶工具、渐变工具、菜单中的"编辑/填充"命令等。描边主要使用"编辑/描边"命令。

5.3.1　油漆桶工具填充

单击工具箱中的油漆桶工具图标，或按快捷键 G，激活油漆桶工具，如图 5.16 所示。该工具可以填充颜色值与单击像素相似的相邻像素。要注意的是，油漆桶工具不能针对位图模式的图像使用。

图 5.16

新建一个空白文件，用画笔随意画几条线将其分割。选择油漆桶工具后，随意设定前景色。在画布空白处单击即可将前景色填充到指定区域，如图 5.17 和图 5.18 所示。此外，油漆桶工具还可以对选区内的图像进行颜色的填充。

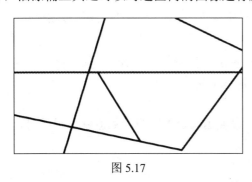

图 5.17

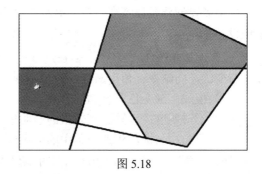

图 5.18

5.3.2　渐变工具

单击工具箱中的渐变工具图标，或按快捷键 G，激活渐变工具，如图 5.16 所示。渐变工具可以创建多种颜色间的逐渐混合。用户可以在工具选项栏中进行初步调整，如图 5.19 所示。要注意的是，渐变工具不能用于位图或索引颜色图像。

图 5.19

（1）渐变预设 ：单击图标右侧下拉菜单，在弹出的对话框中可以选择渐变方式或自己创建渐变，如图5.20所示。

直接单击渐变条可打开"渐变条编辑器"，用户可以编辑渐变颜色或保存渐变，如图5.21所示。

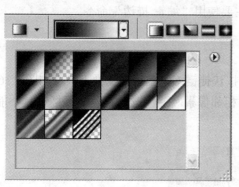

图 5.20

图 5.21

选择渐变工具，打开"渐变条编辑器"，在对话框的"预设"部分选择一种渐变。从"渐变类型"弹出式菜单中选取相应类型；"平滑度"设置用来控制渐变两个色带之间逐渐转换的方式；拖动滑块可以调整颜色范围。如果需要随机产生符合设置的渐变，单击"随机化"按钮，直至找到所需的设置。

如果需要创建预设渐变，在"名称"文本框中输入名称，单击"新建"按钮即可创建新预设渐变。

（2）渐变方式 ：在选项栏中选择应用渐变填充的选项，从左至右分别为：线性渐变、径向渐变、角度渐变、对称渐变、菱形渐变。

（3）模式：渐变色彩叠加的方式。

（4）不透明度：设置渐变效果的透明度，数值越大越不透明，数值越小越透明。

（5）反向：勾选后将渐变条中的颜色顺序翻转。

（6）仿色：勾选后创建出更平滑的渐变效果。

（7）透明区域：勾选后可以进行透明渐变填充。

完成了对渐变工具的设置后，只要在画面中渐变的起始位置单击后拖拽鼠标，即可将渐变的颜色效果填充给指定区域。在拖拽鼠标的同时按住 Shift 键可使渐变方向变为垂直或水平。填充效果如图5.22所示。

图 5.22

5.3.3 编辑菜单中的填充命令

使用编辑菜单中的填充命令，可以指定使用前景色、背景色、黑色、50%灰色或白色。使用指定颜色填充选区，用户还可以选择历史记录，它会将选定区域恢复为在"历史记录"面板中设置为源的图像的状态或快照。

选择魔棒工具，在空白处单击，生成一个选区。选择"编辑/填充"命令，弹出"填充"对话框，如图 5.23 所示。在"使用"下拉列表中选择"50%灰色"，单击"确定"按钮，如图 5.24 和图 5.25 所示。

图 5.23

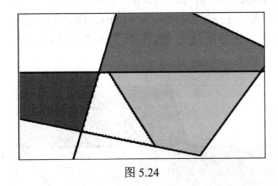

图 5.24

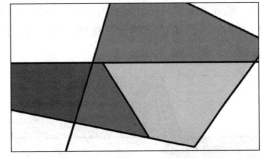

图 5.25

（1）内容：在"使用"下拉列表中，用户可以选择将不同的对象颜色填充给选定区域。可以填充前景色、背景色、自定义颜色等。

（2）混合：设置填充的颜色与其他图层之间的叠加方式。

（3）不透明度：设置填充颜色的透明度，数值越大越不透明，数值越小越透明。

（4）保留透明区域：当勾选此选项后，填充操作只对图层中包含像素的区域进行填充。

5.3.4 描边

Photoshop CC 在图像颜色处理中还提供了可以为选定区域添加彩色边框的功能。"描边"命令可以在选区、路径或图层周围绘制彩色边框，并将该边框变成当前图层的栅格化部分。也是颜色填充的重要方式之一。

利用选区工具在图像内确定需要进行"描边"操作的区域。执行"编辑/描边"命令，即可打开描边对话框，如图 5.26 所示。

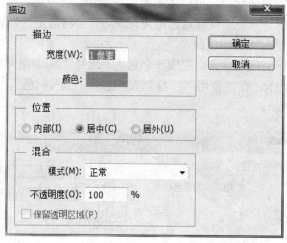

图 5.26

（1）描边：设置描边后生成的边框的大小与边框内填充的颜色。

（2）位置：选择边框生成的位置。

（3）混合：设置描边填充的颜色与其他图层的叠加方式，以及边框的透明度。透明度数值越大越不透明，数值越小越透明。

对于之前操作过的同一图像（图 5.27），选择魔棒工具，在灰色部分单击，生成一个选区。选择"编辑/描边"命令，弹出"描边"对话框，将描边宽度设定为 5px，颜色为白色，位置为居外，单击"确定"按钮。在选定的灰色区域外围就出现了宽度为 5 个像素的白色边框，如图 5.28 所示。

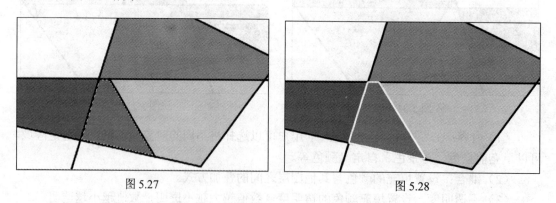

图 5.27 　　　　　　　　　　　　　　　　图 5.28

5.4　画面色彩的调整

在图像处理过程中，对于已经获取的图像还可以通过 Photoshop CC 提供的调整工具，对画面的色调、亮度、对比度等属性进行修改。通过修改调整命令可以使画面的合成效果更加自然、和谐。

5.4.1　自动调整命令

执行"图像/自动色调"、"图像/自动对比度"、"图像/自动颜色"命令可以自动对当前图像的色调、对比度、颜色进行调整。是一种快速得到理想效果的命令。如图 5.29 所示。

自动色调(N)	Shift+Ctrl+L
自动对比度(U)	Alt+Shift+Ctrl+L
自动颜色(O)	Shift+Ctrl+B

图 5.29

下面我们以一个实例图像（图 5.30）来对这三个命令进行介绍，对该图片进行自动色调、对比度、颜色的各项参数调整。

"自动色调"命令自动调整图像中的黑场和白场。它剪切每个通道中的阴影和高光部分，并将每个颜色通道中最亮和最暗的像素映射到纯白和纯黑，然后再按比例重新分布中间像素值。因此，应用"自动色调"可增强图像中的对比度，如图 5.31 所示。

"自动对比度"命令可以自动调整图像对比度。剪切图像中的阴影和高光值，然后将图像剩余部分的最亮和最暗像素映射到纯白和纯黑。这会使高光看上去更亮，阴影看上去更暗。

注意：此命令无法改善单调颜色图像，如图 5.32 所示。

"自动颜色"命令通过搜索图像来标识阴影、中间调和高光，以此调整图像的对比度和颜色，如图 5.33 所示。

图 5.30　　　　　　　　图 5.31　　　　　　　　图 5.32　　　　　　　　图 5.33

5.4.2　亮度/对比度调整

执行"图像/调整/亮度/对比度"命令，可以对图像的色调范围进行简单的调整。在弹出的对话框中移动滑块即可对图像进行相应调整。向右移动滑块会增加色调值并扩展图像高光，向左移动滑块会减少值并扩展阴影。对比度滑块可扩展或收缩图像中色调值的总体范围，如图 5.34 和图 5.35 所示。

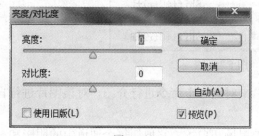

图 5.34　　　　　　　　　　　　　　　　　　　　　　　图 5.35

　　注意：当勾选"使用旧版"选项时，"亮度/对比度"在调整亮度时只是简单地增大或减小所有像素值。因此可能会造成图像细节的丢失，因此不建议在旧版模式下对摄影图像使用"亮度/对比度"调整。当编辑用早期版本的 Photoshop 软件创建的"亮度/对比度"调整图层时，会自动选定"使用旧版"。

5.4.3　黑白和去色命令

　　执行"图像/调整/去色"命令，可以将彩色图像转换为灰度图像，但图像的颜色模式保持不变。"去色"命令仅对所选图层或选区生效，原始图像如图 5.36 所示，去色后的效果如图 5.37 所示。

图 5.36　　　　　　　　　　　　　　　图 5.37

　　执行"图像/调整/黑白"命令，也可将彩色图像转换为灰度图像，但它同时还保持了对各颜色的转换方式的完全控制，并允许用户调整颜色通道输入。"黑白"命令还可以通过对图像应用色调来为灰度着色，如图 5.38 和图 5.39 所示。

图 5.38 　　　　　　　　　　　　　图 5.39

5.4.4　照片滤镜

执行"图像/调整/照片滤镜"命令，可以模仿彩色滤镜拍照的效果，还允许用户选取颜色预设或者应用自定颜色调整。打开图 5.40，选择"照片滤镜"命令后，弹出"照片滤镜"对话框，如图 5.41 所示。对各项参数进行调节，得出如图 5.42～图 5.45 所示的不同效果。

图 5.40 　　　　　　　　　　　　　图 5.41

（1）滤镜：下拉菜单中选择为图像添加的各种不同色调的滤镜。

（2）颜色：勾选"颜色"后则不使用滤镜，直接添加对应的颜色。

（3）浓度：滑块调整应用于图像的颜色数量，浓度越高，颜色调整幅度就越大。

（4）保留明度：勾选后使图像在添加滤镜后仍保留原有的明度。

图 5.42 　　　　　　　　　　　　　图 5.43

图 5.44　　　　　　　　　　　　　　　　　　图 5.45

5.4.5　匹配和替换颜色

执行"图像/调整/匹配颜色"命令，可以调整图像的亮度、色彩饱和度和色彩平衡，能够使用户更好地控制图像的亮度和颜色成分，它可以将一个图像中的颜色与另一个图像中的颜色相匹配。

打开图 5.46 和图 5.47，在图 5.46 中选择"图像/调整/匹配颜色"，打开"匹配颜色"对话框。在"图像统计"区域中，选择图 5.47.jpg 为源，调整属性如图 5.48 所示，选择"中和"选项自动移去色痕。单击"确定"按钮，最终效果如图 5.49 所示。

图 5.46　　　　　　　　　　　　　　　　　　图 5.47

图 5.48　　　　　　　　　　　　　　　　　　图 5.49

用户可以使用"匹配颜色"控件向图像分别应用单个校正。

颜色替换：

执行"图像/调整/替换颜色"命令，可以选择图像中的特定颜色，然后将其替换。用户可以设置选定区域的色相、饱和度和亮度；或者使用拾色器来选择替换颜色。

打开图 5.50，选择"图像/调整/替换颜色"，打开"替换颜色"对话框，如图 5.51 所示。

图 5.50

在图像或预览框中使用吸管工具，单击以选择由蒙版显示的区域。按住 Shift 键并单击或使用"添加到取样"吸管工具。要添加区域可按住 Alt 键单击或使用吸管工具。拖移"色相"、"饱和度"和"明度"滑块调整颜色，或双击"结果"色板并使用拾色器选择替换颜色。单击"确定"按钮即可，如图 5.52 所示。

图 5.51

图 5.52

5.4.6　通道混合器

执行"图像/调整/通道混合器"命令，可以创建高品质的灰度图像、棕褐色调图像或其他色调图像,也可以对图像进行创造性的颜色调整。

打开图 5.53。选择"图像/调整/通道混合器"命令，打开"通道混合器"对话框。在"预设"下拉列表中选择"使用红色滤镜的黑白"选项，如图 5.54 所示，单击"确定"按钮即可，效果如图 5.55 所示。读者可以对照一下使用"去色"命令创建的黑白效果与此有何不同。

图 5.53

图 5.54

图 5.55

在"通道混合器"对话框中选取每种颜色通道的百分比可以创建高品质的灰度图像；而要将彩色图像转换为灰度图像并为其添加色调，则可以使用"黑白"命令。

5.4.7　色相/饱和度、自然饱和度

执行"图像/调整/色相/饱和度"命令，可以调整图像中特定颜色范围的色相、饱和度和亮度，或者同时调整图像中的所有颜色。该命令尤其适用于微调 CMYK 图像中的颜色，以便它们处在输出设备的色域内。

打开图 5.56.，选择"图像/调整/色相/饱和度"命令，或按快捷键 Ctrl+U，打开"色相/饱和度"对话框，如图 5.57 所示。

图 5.56   图 5.57

　　用户可以选择预设中的选项，也可以利用下面的滑块修改色彩范围，如图 5.58 所示。另外，还可以使用吸管工具或调整滑块来修改颜色范围。

　　用户可以在"调整"面板中存储色相/饱和度设置，并载入以在其他图像重复使用。利用色相/饱和度设置，可以实现对灰度图像着色或创建单色调效果。最终效果如图 5.59 所示。

　　执行"图像/调整/自然饱和度"命令，可以在调整饱和度时，在颜色接近最大饱和度时最大限度地减少修剪。使用"自然饱和度"还可防止肤色过度饱和。原始图像如图 5.60 所示，调整自动饱和度效果如图 5.61 所示，自然饱和度的设置如图 5.62 所示。

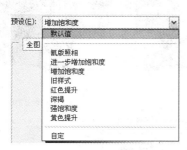

图 5.58   图 5.59

图 5.60   图 5.61

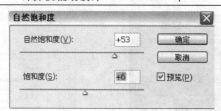

图 5.62

5.4.8 阈值命令

执行"图像/调整/阈值"命令，可以将彩色图像转换为灰度图像，但图像的颜色模式保持不变。"去色"命令仅对所选图层或选区生效，如图 5.63 和图 5.64 所示。删除图像的色彩信息，并将其转化为黑白两色。选择"图像/调整/阈值"，在打开的"阈值"对话框中输入阈值色阶值（图 5.65），或者调整滑块的位置即可。比阈值高亮的像素将被转换为白色，比阈值暗的像素将被转换为黑色。

图 5.63　　　　　　　　　　　　　　　　　　　　　　　图 5.64

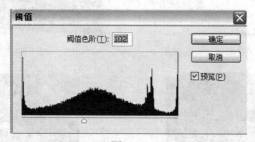

图 5.65

5.4.9 阴影/高光命令

执行"图像/调整/阴影/高光"命令，可以校正图像的暗部和高光部分，它基于阴影或高光中的局部相邻像素增亮或变暗。其默认值设置为修复具有逆光问题的图像。原始图像如图 5.66 所示，默认值调整后如图 5.67 所示，设置框如图 5.68 所示。

图 5.66

图 5.67

图 5.68

（1）数量控制：要进行的校正量。过大的值使调整后的图像看上去不自然。

（2）色调宽度：控制阴影或高光中色调的修改范围。较小的值会限制只对较暗区域进行阴影校正的调整，并只对较亮区域进行"高光"校正的调整。色调宽度因图像而异。值太大可能会导致较暗或较亮的边缘周围出现色晕。

（3）半径：每个像素周围的局部相邻像素的大小。

（4）颜色校正：调整已更改区域的色彩。

（5）中间调对比度：调整中间调中的对比度。向左移动滑块会降低对比度，向右移动会增加对比度。

5.5 高级调色操作

之前的章节中已经介绍了部分图像画面调整的工具，以上工具操作起来相对简便、实用。但是针对一些特殊要求的图像编辑操作还会涉及部分高级调色工具。这部分工具是制作出高水平作品的途径，也是调色命令中的难点。

5.5.1 "直方图"面板

执行"窗口/直方图"命令，显示"直方图"面板，如图 5.69 所示。"直方图"面板用图形表示图像的每个亮度级别的像素数量，展示像素在图像中的分布情况。直方图的左侧部分显示阴影中的细节，中部显示中间调，右侧部分显示高光。利用直方图，用户可以确定图像中阴影、中间调和高光中是否有足够的细节来进行校正。直方图还提供了图像色调范围或图像基本色调类型的快速浏览图。低色调图像的细节集中在阴影处，高色调图像的细节集中在高光处，而平均色调图像的细节集中在中间调处。全色调范围的图像在所有区域中都有大量的像素。识别色调范围有助于确定相应的色调校正。

用户可以从"直方图"面板右上角的菜单中选择一种视图，这里选择的是扩展视图，如图 5.70 所示。

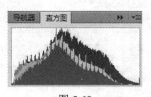

图 5.69

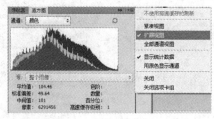

图 5.70

（1）直方图上部可以选择当前显示的通道。单击后面的"刷新"按钮 ⟳ 可以刷新直方图。

（2）当直方图显示速度较快，而不能及时显示统计结果时，面板中会出现高速缓存数据警告标志，单击即可刷新直方图。

（3）直方图下方显示统计信息：

平均值：表示平均亮度值。

标准偏差：表示亮度值的变化范围。

中间值：显示亮度值范围内的中间值。

像素：表示用于计算直方图的像素总数。

色阶：显示指针下面的区域的亮度级别。

数量：表示相当于指针下面亮度级别的像素总数。

百分位：显示指针所指的级别或该级别以下的像素累计数。值以图像中所有像素的百分数的形式来表示，从最左侧的 0 到最右侧的 100%。

当直方图多分布在左侧时，说明图像中的细节集中在暗部，图像色调较暗，如图 5.71

所示。

当直方图多分布在中间时，说明图像中的细节集中在中间色调处，图像效果较好，但有时对比可能不够强烈，如图 5.72 所示。

图 5.71

图 5.72

当直方图多分布在右侧时，说明图像中的细节集中在亮部，图像色调较亮，如图 5.73 所示。

图 5.73

5.5.2　"信息"面板

执行"窗口/信息"命令，或按快捷键 F8 即可打开"信息"面板，如图 5.74 所示。面板显示指针所在位置的颜色值，选定工具的提示、提供文档状态等有用信息。

当用户对图像进行调整时，颜色值会变为两组数据，斜杠前为调整前的数据，斜杠后为调整后的数据。

图 5.74

5.5.3 色阶

"色阶"命令通过调整图像的阴影、中间调和高光的强度级别，来校正图像的色调范围和色彩平衡。"色阶"直方图是调整图像基本色调的直观参考。

选择"图像/调整/色阶"命令，打开"色阶"对话框。其中输入色阶的直方图可以作为调整的参考依据。3 个滑块从左至右分别代表阴影、中间调、高光，外面的两个滑块将黑场和白场映射到"输出"滑块的设置。3 个吸管从左到右分别代表黑场、灰点、白场，如图 5.75 所示。

（1）通过色阶调整图像的亮度和对比度。

1）将中间滑块向右拖动，可以使整个图像变暗；反之则变亮，如图 5.76 所示。

图 5.75

图 5.76

2）将阴影滑块向右拖动，可以拓展整个阴影区域，如图 5.77 所示。

3）将高光滑块向左拖动，可以拓展整个亮部区域，如图 5.78 所示。

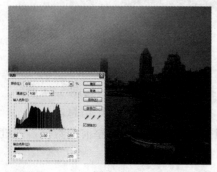

图 5.77

图 5.78

（2）通过色阶调色。

执行"图像/调整/色阶"命令，打开"色阶"对话框。单击"设置灰场"吸管工具，然后单击图像中为中性灰色的部分。单击"自动"以应用默认自动色阶调整。要尝试其他自动调整选项，可以从"调整"面板菜单中选择"自动选项"，然后更改"自动颜色校正选项"对话框的算法。原始图像如图 5.79 所示，自动调整后的图像如图 5.80 所示。

图 5.79

图 5.80

5.5.4　曲线

"曲线"主要用于调整图像的色彩与色调，它不仅可以调整图像的整个色调范围内的点（从阴影到高光），也可以使对图像中的个别颜色通道进行精确调整。"曲线"较"色阶"而言可以提供更为精准的调整结果，如图 5.81 所示。

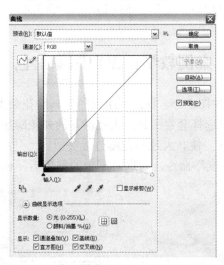

图 5.81

"曲线"对话框与"色阶"较为类似，在这里不再详细讲述。我们主要学习如何利用曲线调整图像。用户可以使用"预设"中的各种预设值来调整，也可以手动进行调整。

打开图 5.82。首先我们重新设置图片的黑场、白场和灰点。分别使用相应工具，在左下角阴影处、天空、黄色的建筑上单击。然后单击"确定"按钮，效果如图 5.83 所示。

图 5.82

图 5.83

此时图片已经由夜晚变为了白天的感觉。再次打开"曲线"对话框，继续对图片进行调整。依次调整 R、G、B 三个通道，为图片整体增加蓝色，如图 5.84 所示。

在调整中，为了能够在以后的操作中恢复图像，可以使用调整图层来进行操作。调整图层可以在不破坏图像数据的情况下对其进行相应调整。

图 5.84

案例教学：黑白图像上色

（1）打开本章练习文件图 5.85。我们利用调色工具给花朵上色。首先，需要花朵添加选区，方法是多样的。这里选择套索工具，大致沿花的外轮廓选择。然后执行"选择/调整边缘"命令，调整选区边缘，使其大致与花瓣边缘类似。

（2）选择"色相/饱和度"命令，勾选右下角的着色后，调整参数，如图 5.86 所示。

图 5.85

图 5.86

（3）选择历史记录画笔，降低画笔流量和不透明度，在"历史记录"面板中选择未着色时的状态，仔细擦除花瓣外围区域。适当使用"色彩平衡"、"色阶"等命令，将颜色调至满意即可，如图 5.87 所示。

图 5.87

课堂练习：主题绘画色彩调整

不同的色彩及色调会给人一种不同的情绪和心理感受，因此在进行创作和设计时，色彩的基调和对比处理是要着重把握的，因此本章建议学生把上一章的主题绘画创作打开，在此基础上通过对该作品进行不同的颜色设定达到不同的视觉效果，以表现不同的情境。本章练习旨在培养学生运用数码调色功能进行设计创意的思维习惯，提高对色彩的敏感度。

本 章 小 结

本章主要介绍了如何利用 Photoshop CC 进行图片的色彩调整，了解了基本的图像调整命令。调色是 Photoshop CC 最为强大的功能之一，本章所讲述的内容只能作为调色基础，使用 Photoshop CC 的基本工具，配合以后要学习的图层、通道和蒙板等其他功能一起，可以创作出许多优秀的作品。要真正熟练掌握 Photoshop CC 的调色功能，还需要做大量的练习。

第6章 图像绘制工具

6.1 画笔和绘画工具

Photoshop CC 提供了多个用于绘制和编辑图像颜色的工具。画笔工具和铅笔工具与传统绘图工具十分相似。用户可以在"画笔"面板中设置各种不同的选项。

6.1.1 画笔面板

执行"窗口/画笔"命令，或者按快捷键 F5 即可打开"画笔"面板，如图 6.1 所示。

用户可以在画笔预设中选择所需要的画笔，还可以单击画笔笔尖形状，对画笔进行更进一步的设置。如增加间距值以创建虚线画笔等，如图 6.2 所示。

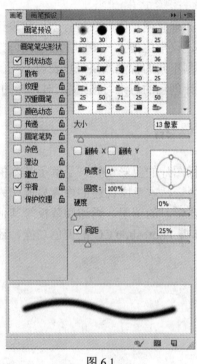

图 6.1

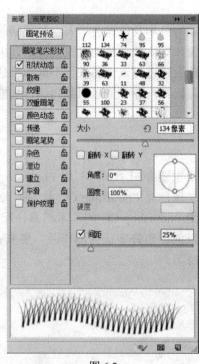

图 6.2

设置画笔：

（1）直径：控制画笔大小。

（2）翻转 X/Y：改变画笔笔尖在其 X 或 Y 轴上的方向。

（3）角度：指定椭圆画笔或样本画笔的长轴从水平方向旋转的角度。

（4）圆度：指定画笔短轴和长轴之间的比率。

（5）硬度：控制画笔硬度中心的大小。要注意的是，不能更改样本画笔的硬度。

（6）间距：控制描边中两个画笔笔迹之间的距离。当取消选择此选项时，光标的速度将确定间距。

在对画笔进行修改后，用户可以单击"画笔"面板底部的"新建"按钮，将当前画笔存储为一个新的画笔。要删除一个画笔，在选中后按画笔面板底部的"删除"按钮即可。

在实际创作中，选择画笔的"模拟压力"选项后，配合数位板的使用可以真实地模拟各种笔触效果。关于其他画笔设置选项的功能，在这里仅作粗略讲解，请读者在操作实践中自行练习。

从图像创建画笔笔尖的步骤如下：

（1）使用选区工具，在图像中选择要用作自定画笔的部分，画笔形状的大小最大可达 2500×2500 像素。在选择彩色图像的情况下，画笔笔尖图像会转换成灰度。因此如果要定义具有柔边的画笔，需要使用灰度值选择像素。

（2）选择"编辑/定义画笔预设"命令，在弹出的对话框中给画笔命名，并单击"确定"按钮即可。

6.1.2 画笔工具

单击工具箱中的"画笔工具"图标 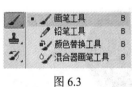，或按快捷键 B，即可激活画笔工具，如图 6.3 所示。

画笔工具使用前景色绘制具有柔边的线条。画笔工具的主要参数在选项栏中设置，如图 6.4 所示。

图 6.3   图 6.4

（1）单击画笔标志，可以展开下拉面板，用户可以在这里快速选择常用的画笔。

（2）单击"画笔选项"右侧的按钮，可以展开"画笔"下拉面板，用户在这里可以选择笔尖、设置画笔大小和硬度。

（3）模式用来选择画笔笔迹颜色与下面的像素的混合模式。具体效果参照"图层"一章的相关内容。

（4）不透明度：设置画笔的不透明度，值越低，线条越透明。

（5）流量用来控制应用颜色的速率。

（6）按下"喷枪"按钮，可以开启喷枪功能，Photoshop CC 会根据单击的程度来确定画笔线条的填充数量。

如我们选择一种"桃心"画笔，在工具选项栏和画笔面板中简单地对其进行"模式"、"不透明度"、"流量"、"间距"和"散布"等设置后，就能出现一种梦幻般的效果，如图 6.5 和图 6.6 所示。

图 6.5

图 6.6

6.1.3 铅笔工具

单击工具箱中的"铅画笔工具"图标 ，或按快捷键 B，即可激活铅笔工具，如图 6.3 所示。铅笔工具同样也是使用前景色来绘制线条，其工具选项栏中的属性除了"自动抹除"外，与画笔工具相同，不同的是它只能绘制硬边线条，如图 6.7 所示。

图 6.7

自动抹除：勾选选项栏中的"自动抹除"后，用户可以在包含前景色的区域绘制背景色。开始拖动时，如果光标的中心在前景色上，则该区域将抹成背景色。如果在开始光标的中心在不包含前景色的区域上，则该区域将被绘制成前景色，如图 6.8 和图 6.9 所示。

图 6.8   图 6.9

6.1.4 颜色替换工具

单击软件界面左侧工具箱中的"颜色替换工具"图标 ，或按快捷键 B，即可激活颜色替换工具，如图 6.3 所示。颜色替换工具可以对图像中的指定颜色进行替换，常用于画面校色。但该工具不能对索引、多通道色彩等模式使用。

颜色替换工具的主要参数可以在其选项栏中修改，如图 6.10 所示。

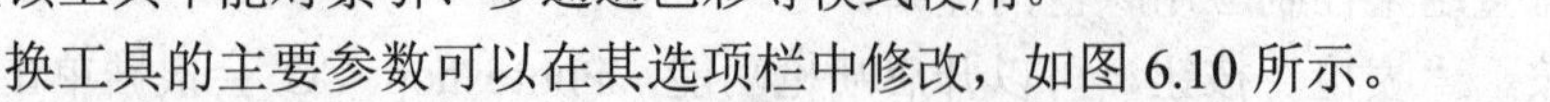

图 6.10

（1）模式：下拉菜单中有色相、饱和度、颜色和明度 4 个选项，决定了替换的方式。

（2）取样按钮：3 个按钮依次为"连续取样"、"一次取样"、"背景色取样"。用户可以根据对图像取样的需求进行切换。

（3）限制：下拉列表中有"连续"、"不连续"和"查找边缘"3 个选项。选择"连续"则替换与鼠标相近处的颜色；选择"不连续"替换画面中所有位置的采样颜色；选择"查找边缘"替换与采样颜色连接的区域。

"颜色替换工具"的使用方法是：先在前景色中选择需要替换的颜色，如图 6.11 所示。

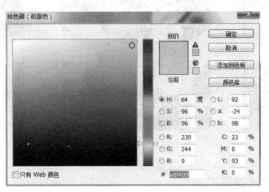

图 6.11

之后与画笔工具操作相同，按住鼠标左键在图像中拖拽，将前景色中的颜色替换进去。原始图像如图 6.12 所示，替换效果如图 6.13 所示。

图 6.12　　　　　　　　　　　　　　　　图 6.13

6.1.5　历史记录画笔工具

单击工具箱中的"历史记录画笔工具"图标，或按快捷键 Y，即可激活历史记录画笔工具，如图 6.14 所示。

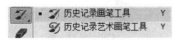

图 6.14

历史记录画笔工具可以将指定的历史记录状态或快照用作源数据，可以将图像恢复到编辑过程中的某一步骤状态，需要配合"历史记录"面板一同使用。

打开图 6.15，选择通道混合器，创建灰度图像，如图 6.16 所示。

选择历史记录画笔 ，调整画笔大小，在图片上涂抹，发现被涂抹后的部分恢复到彩色状态，如图 6.17 所示。

图 6.15　　　　　　　　　图 6.16　　　　　　　　　图 6.17

6.1.6　历史记录艺术画笔工具

单击工具箱中的"历史记录画笔工具"图标 ，或按快捷键 Y，即可激活历史记录画笔工具，如图 6.14 所示。该工具可以将历史记录中记录下来的图像状态，以某种特定的艺术效果进行绘画。其主要参数在选项栏中修改，如图 6.18 所示。

图 6.18

（1）样式：设定笔刷笔触的特殊效果。

（2）区域：设定笔刷使用的范围，数值越小则使用范围也越小，反之则越大。

（3）容差：设定笔触之间的间隔区域，数值越小笔触越细致。

完成了对选项栏的设定后，只要在图像中拖拽鼠标即可获得笔刷的绘制效果。

6.2　路径的基本操作

在 Photoshop CC 操作中，除了可以使用画笔类工具进行图像的绘制以外，还提供了另一种工具——路径。路径可以直接用于绘制图像，修改文本排列的方式，转化为选区等操作，是 Photoshop CC 中非常重要的一个知识点。下一章节将着重介绍路径的创建、编辑与应用。

"路径"面板

路径是可以转换为选区或者使用颜色填充和描边的轮廓，包括开放式路径和闭合式路径两种，用户可以通过编辑路径的锚点改变路径的形状，如图 6.19 所示。

启动 Photoshop CC 后，在软件界面右侧的控制面板中可以找到"路径"面板，或执行"窗口/路径"命令，打开"路径"面板，如图 6.20 所示。

图 6.19   图 6.20

"路径"面板主要是用于显示、存储当前文件中的路径、适量蒙版以及路径的缩略图。通过面板下方的按钮，可以对路径进行编辑操作。

（1）用前景色填充路径：单击该按钮后，会自动对选中的路径进行前景色的填充。如果选中的路径不是一条闭合的路径，那么软件会自动以该路径首尾端的最短距离进行闭合，再进行前景色填充。

（2）用画笔描边路径：单击该按钮后，将使用前景色对路径进行描边。

（3）将路径作为选区载入：单击后会自动将绘制好的路径转换为选区。

（4）从选区生成工作路径：单击后将当前图像中的选区转换为路径。

（5）新建路径：单击后创建一个新的空白路径；若将已有的路径拖拽到该按钮上则会复制出一个被拖拽的路径。

（6）删除当前路径：选择路径后单击该按钮，则将选中的路径删除。

6.3 路径的绘制工具

在 Photoshop CC 中绘制路径主要是通过"形状绘制工具组"与"钢笔工具组"来实现的。使用这两个工具组可以快速地绘制出矩形、圆形、多边形以及自由形态的路径。本节主要介绍这些路径绘制工具的用法。

6.3.1 矩形工具

单击工具箱中的"矩形工具"图标，或按快捷键 U，即可激活矩形工具，如图 6.21 所示。矩形工具与之前介绍的"矩形选框"都可以绘制矩形图像，区别在于矩形工具绘制出的是路径而不是选区。

图 6.21

矩形工具的主要参数可以在其选项栏中进行修改，如图 6.22 所示。

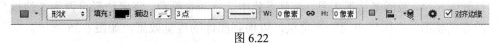

图 6.22

（1）形状：在其下拉菜单中有 3 个选项。使用默认的"形状"时，绘制出矩形路径并自动以前景色进行填充。使用"路径"时，则绘制出的矩形只生成路径，并以"工作路径"显示在"路径"面板中。使用"像素"时，直接对矩形填充前景色而不产生路径。

（2）填充：前一个下拉菜单中选择"形状"后，可以在"填充"中修改填充进路径内的颜色。如果单击右下角的小三角形，可以打开下拉菜单，将填充的内容改为渐变、图案或不填充。

（3）描边 ： 设置是否对绘制的路径进行描边操作。以及在下拉菜单中设置描边线条的粗细与形态。

（4）W、H：两个数值依次设置绘制出矩形的宽度与高度。

（5）：3 个图标依次为"路径操作"、"路径对齐"、"路径排列方式"。当场景中存在了多个矩形路径时，"路径操作"按钮下拉菜单中的命令可以对多个路径进行合并、相减等操作；"路径对齐"按钮下拉菜单中的命令对路径进行各个方向上的对齐操作；"路径排列方式"按钮下拉菜单中的命令可以修改路径重叠在一起时，哪个路径在上，哪个路径在下。

6.3.2 圆角矩形工具与椭圆工具

单击工具箱中的"圆角矩形工具"图标，或按快捷键 U，即可激活圆角矩形工具，如图 6.21 所示。圆角矩形工具的使用方法以及选项栏与之前介绍的矩形工具完全相同，这里不再赘述。唯一的区别在于，圆角矩形工具绘制出的图形带有圆角，在其选项栏中可以对圆角的度数加以设置。

单击工具箱中的"椭圆工具"图标，或按快捷键 U，即可激活椭圆工具，如图 6.21 所示。椭圆工具的使用方法以及选项栏与之前介绍的矩形工具完全相同，因此这里不再赘述。需要注意的是，在使用椭圆工具时，按住 Shift 键可以绘制正圆。

6.3.3 多边形工具

单击工具箱中的"多边形工具"图标，或按快捷键 U，即可激活多边形工具，如图 6.21 所示。多边形工具用于绘制不同边数的图形，在其选项栏中可以修改边的数量和多边形的形态，如图 6.23 所示。其余的选项栏参数设置与矩形工具相同。

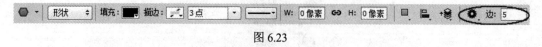

图 6.23

（1）多边形属性设置：在其下拉菜单中可以修改多边形的形态，将多边形设置为"平滑拐角"、"星形"显示。

（2）边：设置创建的多边形边缘的数量。

打开图 6.24，激活多边形工具，在前景色中选择一个颜色。将多边形设置为 5 边以"星形"的方式显示。在图像中绘制五角星，以增强图像的视觉效果，如图 6.25 所示。

图 6.24

图 6.25

6.3.4 直线工具

单击工具箱中的"直线工具"图标，或按快捷键 U，即可激活直线工具，如图 6.21 所示。

直线工具用于绘制直线，并且在工具选项栏中可以调整直线的粗细与颜色。该工具选项栏中其余的参数与之前介绍过的矩形工具相同，这里不再赘述。

6.3.5 自定义形状工具

单击工具箱中的"自定形状工具"图标，或按快捷键 U，即可激活自定形状工具，如图 6.21 所示。

自定形状工具用于绘制多种不规则的形状。在工具的选项栏中带有"自定形状库"可供用户选择，如图 6.26 所示。该工具选项栏中的其余参数与之间介绍的矩形工具相同，这里不再赘述。

图 6.26

选择自定形状工具后，在工具选项栏中的"形状"下拉面板中，单击右侧的齿轮行状图标，可以加载更多的 Photoshop CC 自带的图形，如图 6.27 所示。

图 6.27

6.3.6 钢笔工具

单击工具箱中的"钢笔工具"图标,或按快捷键 P,即可激活钢笔工具。"钢笔工作组"子目录共包括 5 个工具,如图 6.28 所示。这些工具用于完成绘制路径,增加、删减节点及转换节点等工作。熟练运用钢笔工具可以绘制复杂的曲线和路径。使用钢笔工具绘制曲线时,在画布中单击并拖动即可创建平滑点,在拖动的过程中还可以调整方向线的长度和角度。

图 6.28

钢笔工具的主要参数可以在其选项栏中进行修改,如图 6.29 所示。使用时在图像上单击鼠标左键,每次单击均会生成一个可编辑的"锚点","锚点"之间相连即可获得图形。

图 6.29

(1)路径:在其下拉菜单中有"路径"、"形状"、"像素" 3 个选项。默认为"路径"时,则利用"钢笔工具"绘制出来的线条为路径;若选择"形状"则绘制出来的图形路径中会自动填充前景色,其选项栏参数与之前介绍的矩形工具相同;若选择"像素"则直接以像素的方式绘制出选区。

(2)建立:当使用"钢笔工具"绘制完成图形后,可以使用"选区"、"蒙版"、"形状" 3 个按钮将图像分别转换为选区、蒙版和形状。

(3) ![] ![] ![]:3 个图标依次为"路径操作"、"路径对齐"、"路径排列方式"。当场景中存在多个矩形路径时,"路径操作"按钮下拉菜单中的命令可以对多个路径进行合并、相减等操作;"路径对齐"按钮下拉菜单中的命令对路径进行各个方向上的对齐操作;"路径排列方式"按钮下拉菜单中的命令可以修改路径重叠在一起时,哪个路径在上,哪个路径在下。

(4)自动添加/删除:勾选该选项后,图形绘制过程中,将光标移动到路径上,当光标变为"钢笔与加号"时单击可以增加锚点,光标变为"钢笔与减号"时单击可以删除锚点。

6.3.7 自由钢笔工具

单击工具箱中的"自由钢笔工具"图标![],或按快捷键 P,即可激活自由钢笔工具,如图 6.28 所示。自由钢笔工具的使用效果与"钢笔工具"相同,根据选项栏中的设置可以绘制获得"路径"、"形状"或"像素",如图 6.30 所示。

图 6.30

磁性的：勾选该选项后，在绘制图形时可以产生与磁性套索工具相同的效果，利用图形的色差将路径自动吸附到图像上。

选项栏中其他的参数与钢笔工具相同，这里不再赘述。

6.3.8　锚点

锚点用以连接路径，分为平滑点和角点两种，分别连接平滑的曲线和直线。曲线上的锚点有两条方向线，方向线的端点叫方向点，拖动方向点、调整方向线长度可以调整曲线的形状，如图 6.31 所示。

图 6.31

6.3.9　添加锚点工具与删除锚点工具

单击工具箱中的对应图标，可以激活添加锚点工具与删除锚点工具，或按快捷键 P，如图 6.28 所示。添加锚点工具与删除锚点工具是绘制图像中使用的编辑工具。创建完成的图像是由多个"锚点"构成的，当需要对图像进行编辑时就可以利用这两个工具对"锚点"进行增减，从而获得理想的图形。详细操作参见本章"案例教学 1：使用钢笔工具进行抠图"。

6.3.10　转换工具

单击工具箱中的"转换工具"图标 ，或按快捷键 P，即可激活转换工具，如图 6.28 所示。"转换工具"主要用于对路径形态进行调整，将光标放置在需要修改的"锚点"上，可以转换"锚点"的类型。拖拽"锚点"则可以改变"锚点"的位置与形态。详细操作参见案例教学。

6.3.11　路径选择工具

单击工具箱中的"路径选择工具"图标 ，或按快捷键 A，即可激活路径选择工具，如图 6.32 所示。使用路径选择工具，在需要选中的路径上单击即可选中该路径。被选中的路径显现出黑色的节点，此时直接拖动该路径移动即可。

图 6.32

使用直接选择工具可以选择单个锚点，被选中的锚点呈现黑色。当单击一个路径时，可以选中该路径。再使用直接选择工具选中节点，节点两侧的方向线将显示，此时可以改变节点曲率和位置，以调整路径形状。

案例教学 1：使用钢笔工具进行抠图

（1）打开本章练习文件图 6.33，选择钢笔工具，新建路径。

（2）在进行抠图操作前，首先观察抠图对象，明确边缘转折点，考虑如何用最少的点完成抠图路径。在这个练习中我们从车的前轮开始入手。将第 1 个锚点设定在车轮和车体的转折处，然后在车体转折处单击并适当拖动，以符合该处的轮廓。在车体与后轮的转折处单击，设定第 3 个锚点。按住 Ctrl 键临时将工具切换成直接选择工具，适当移动该锚点，如图 6.34 所示。

图 6.33

图 6.34

（3）在遇到曲线轮廓时，可以首先在转折比较明显的地方添加锚点，然后再依照轮廓添加其他锚点。也有人习惯沿着物体轮廓逐步添加，这都取决于个人的操作习惯，只要能顺利地完成路径即可。我们将第 4 个锚点设定在车体与后轮的另一个转折处，单击并拖动，按住 Ctrl 键临时将工具切换到直接选择工具，调整方向点，使其更好地符合轮胎形状，如图 6.35 所示。

（4）在轮胎与地面接触的地方添加一个锚点，调整形状以适应轮胎轮廓，调整时按住 Alt 键可临时将工具切换为转换点工具，如图 6.36 所示。

图 6.35

图 6.36

（5）继续沿边缘添加锚点，注意灵活移动路径段、方向点等操作。在完成路径时，不要直接选择与第 1 个锚点闭合，而要在稍微离开第 1 个锚点的地方添加，最后将其移动到第 1 个锚点的位置（图 6.37）。路径完成后如图 6.38 所示。

图 6.37

图 6.38

（6）完成路径后，选择"路径"面板底部的"将路径作为选区载入"，或在"路径"面板上右击选择"载入"选区，在弹出的对话框中设定羽化值后，单击"确定"按钮即可，如图 6.39 所示。删除背景，获得最后的效果，如图 6.40 所示。

图 6.39

图 6.40

课堂练习 1：汽车展海报设计

海报经常被认为是一种大众宣传工具，常张贴在公共场所，有极强的感召力。海报综合了色彩、构图、形象等视觉元素，在设计中要本着视觉冲击力强、主题明确醒目、表达内容精炼等原则，力求创新和独特的艺术风格。到本章为止，学生已经大概掌握了 Photoshop CC 的基本功能，可以开始综合设计创作了。本练习建议配合本章案例教学，以汽车为主题，学生设计文案，制作一张车展海报。

案例教学 2：信封的绘制

信封的绘制如图 6.41 所示，绘制步骤如下。

（1）新建文件，大小为 800×600 像素、RGB 模式、白色背景，如图 6.42 所示。

（2）新建图层，命名为"信封"，用矩形工具画一信封，调一种自己喜欢的颜色（这里为土黄）进行填充。配合 Alt 键减选。进入编辑菜单，选择"变换/透视"命令，如图 6.43 所示。

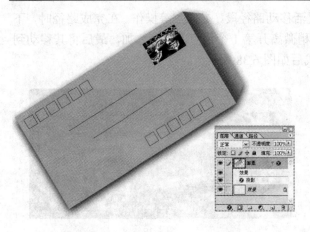

图 6.41 图 6.42

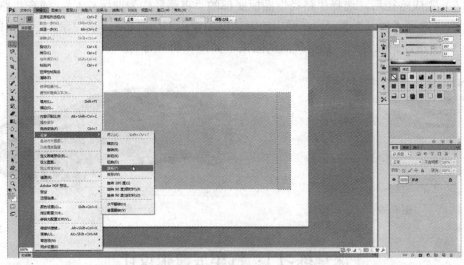

图 6.43

（3）新建图层，命名为"边"，调前景色为深褐色，背景色与信封颜色一样，然后配合 Shift 键进行渐变填充，如图 6.44 所示。

图 6.44

（4）新建图层，命名为"邮编框"，用矩形工具配合 Shift 键绘制正方形，进行编辑/描边（向外描边 1 像素），如图 6.45 所示。

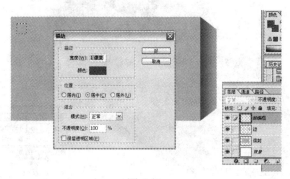

图 6.45

（5）配合 Ctrl+Alt（移动复制），如果同时再按住 Shift 键，就可以强制它们在同一水平线上。将上面 6 个邮编框按 Ctrl+E 组合键向下合并在一个图层，再按 Ctrl+Alt 组合键复制到下面，如图 6.46 所示。

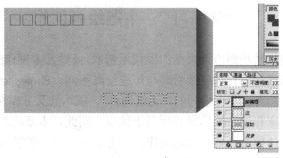

图 6.46

（6）新建图层，命名为"线"，用铅笔工具，配合 Shift 键绘制两条线。调一张图片做邮票，如图 6.47 所示。

图 6.47

（7）将图片复制到当前文件，可直接拖动，也可选择图片进行复制粘贴。为了画面的效果，我们将背景层关闭（单击"图层"左侧的眼睛图标），合并可见图层。按 Ctrl+T 组合键进行变换，旋转信封，双击该图层，添加一个投影效果，如图 6.48 所示。

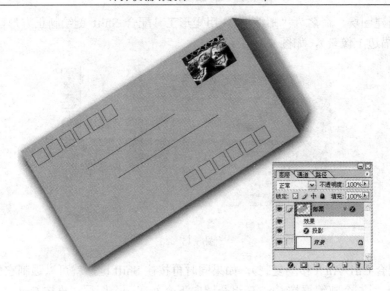

图 6.48

课堂练习 2：主题绘画创作

　　从阿尔塔米拉洞窟壁画到纷繁兴盛的现代派艺术，虽然艺术创作的媒介在不断地变化，但是艺术家的创作思维却一直在延续着。与传统绘画不同，Photoshop CC 不用颜料、画布和纸张等媒材，它可以真正实现绘画的"无纸创作"，成本低又方便快捷，且易于修改，高科技技术手段使艺术家和设计师的灵感更易于体现。因此，本章练习注重学生创造力的发挥，建议教师使用数位板进行数码绘画创作，一方面熟悉软件的基本工具，另一方面也能激发学生的创作欲。

本 章 小 结

　　本章主要介绍了 Photoshop CC 中的绘制工具及其使用方法。其中画笔工具与路径工具是本章的重点，熟练掌握这两个工具将为后面的进一步学习打下坚实的基础。

第7章 图层的应用

图层可以使图形文件更加方便管理和易于操作，很多图形图像软件都有图层的概念。图层、蒙版与通道应该说是 Photoshop 软件的精华部分，没有图层就无法编辑图像；没有蒙版就较难将几个图像合成在一起；没有通道就无法保存选区和色彩信息；当然，没有图层、蒙版和通道的共同作用很多特效就难以实现。本章重点要掌握的是图层、通道在艺术设计中的具体应用。

7.1 图层的概念

图层的功能非常强大，它不仅可以编辑当前层的图像，还可以合成多个图像、添加文本或矢量图形形状，以及应用图层样式来制作各种特殊效果等。并且在对当前图层对象进行编辑时，不会影响其他图层的视觉效果，当然还可以非常清晰地管理文件，因此，Photoshop CC 中几乎所有的编辑操作都离不开图层。

图层可以理解为叠在一起的透明纸，而每张纸上都保存着不同的图像。图层还可以设置透明度，我们可以透过图层的透明区域看到下面的图层，以便于编辑操作当前层而又不破坏下一层，如图 7.1 所示。

图 7.1

7.2 图层的基本操作

"图层"面板是一个集合图层属性的区域。在进行图像编辑时，建立的图层都会呈现在面板中，如图 7.2 所示。使用"图层"面板可以进行组建新图层、删除图层、编辑图层、添加蒙版、调整层次等操作。

图 7.2

"图层"面板的参数如下：

（1）锁定 锁定：⊠ ✔ ✛ 🔒：4 个图标按钮依次为"锁定透明像素"、"锁定图像像素"、"锁定位置"、"锁定全部"。这 4 个按钮可以对当前图层根据需要进行锁定，一旦图层被锁定则不可再编辑。

（2）链接图层 🔗：同时选中多个图层时，单击该按钮可以将它们进行链接。链接后的图层可以同时进行编辑。

（3）添加图层样式 *fx*：为选中的图层添加设定好的图层样式，使其效果更加丰富。

（4）添加适量蒙版 🔲：为选中的图层添加图层蒙版。

（5）创建新的填充或调整图层 ◑：为选中的图层或图层中的选区进行调色。

（6）创建新组 🗀：通过创建"组"来对多个图层进行有序的管理与编辑。

（7）创建新图层 🔳：单击后可以创建一个空白的新图层，若将选中的图层直接拖拽到该按钮上，可以对拖拽的图层直接进行复制。

（8）删除图层 🗑：选中不需要的图层，单击该按钮即可删除图层。

7.2.1 新建图层

新建图层时，可以单击"图层"面板下方的"新建"按钮 🔳，可以在当前图层上新建一个图层。或者执行"图层/新建/图层"命令，打开"新建图层"对话框来创建图层，如图 7.3 所示。在对话框中可以设置图层的"名称"、"颜色"、"模式"、"不透明度"等属性。对于已经创建完成的图层，可以双击图层名将其重命名。

图 7.3

执行"图层/新建/通过复制的图层"命令也可以创建新的图层，快捷键为 Ctrl+J。该命令与图层的复制类似，对选中的图层进行复制，并在"图层"面板中粘贴一个新的图层，如图 7.4 和图 7.5 所示。

图 7.4   图 7.5

执行"图层/新建/通过剪切的图层"命令，同样可以创建新的图层，快捷键为 Shift+Ctrl+J。使用该命令前需要先对当前图层创建选区，如图 7.6 所示，然后执行命令可以将选区内的图像进行剪切操作并粘贴到一个新生成的图层中，如图 7.7 所示。

图 7.6   图 7.7

7.2.2 选择图层

直接用鼠标左键单击"图层"面板中的图层，图层背景颜色会变为蓝灰色，或者在画面中，在移动工具下，通过鼠标单击右键也可以进行选择。按住 Ctrl 键可以在"图层"面板中任意加选或减选多个图层，如图 7.8 所示。按住 Shift 键后单击两个图层，可以将这两个图层间的所有图层全部选中，如图 7.9 所示。

图 7.8　　　　　　　　　　　　图 7.9

7.2.3　复制图层

Photoshop CC 为用户提供了多种复制图层的方法。

（1）选中要复制的图层，按左键将其拖动到"图层"面板底部的"新建"按钮上即可复制图层。

（2）选中要复制的图层，右击选择"复制图层"选项，在弹出的对话框中设定图层名称和要复制到的文件即可，如图 7.10 和图 7.11 所示。

图 7.10　　　　　　　　　　　　图 7.11

（3）执行"图层/复制图层"命令，在弹出的对话框中复制图层，如图 7.12 所示。

图 7.12

（4）通过单击"图层"面板右上角的"扩展"按钮，在菜单中选择"复制图层"完成操作。

7.2.4　链接图层

Photoshop CC 图像编辑中，需要对多个图层同时进行移动或编辑时，可以使用链接图层的方式来进行操作。图层的链接是为了方便用户对某两个以及两个以上对象编辑而设计的功能。选中要链接的图层，单击"图层"面板下方的"链接"按钮，即可完成链接。选择图层如图 7.13 所示，链接图层如图 7.14 所示。

图 7.13

图 7.14

7.2.5　删除图层

图层编辑过程中，经常会产生不需要的图层。选择图层对话框最右端的垃圾桶标志，单击即可将图层删除。此外，选中图层，单击鼠标右键，在弹出的菜单中单击"删除图层"命令，也可以删除图层。

7.2.6　栅格化图层

包含矢量数据（包括文字图层、形状图层、矢量蒙版、智能对象）和生成的数据的图层，要先对其进行栅格化操作，转换为平面的光栅图像，才能编辑各种效果。

选择要栅格化的图层，右击，从子菜单中选取栅格化选项；或者选择"图层/栅格化"命令，然后从子菜单中选择相应的选项，如图 7.15 所示。

（1）文字：将利用"文字工具"创建的文字图层进行栅格化处理。

（2）形状：栅格化形状图层。

（3）填充内容：栅格化形状图层的填充，同时保留矢量蒙版。

（4）矢量蒙版：栅格化图层中的矢量蒙版，同时将其转换为图层蒙版。

（5）智能对象：将智能对象转换为栅格图层。

（6）视频：将当前视频帧栅格化为图像图层。

（7）3D（仅限 Extended）：将 3D 数据的当前视图栅格化成平面栅格图层。

（8）图层：栅格化选定图层上的所有矢量数据。

（9）所有图层：栅格化包含矢量数据和生成的数据的所有图层。

图 7.15

7.2.7　锁定及重命名图层

当某些图层不再需要编辑，可以对其进行锁定，保护其即成的图像效果。单击"图层"面板上的"锁"图标 锁定：图 ✔ ✚ 🔒，就可以把所选择的图层进行锁定，形成锁的图标。一旦锁定，就无法对该图层进行编辑，再次单击"锁"图标可以解除锁定，如图 7.16 和图 7.17 所示。

图 7.16

图 7.17

提示：双击图层名称即可重命名图层。

7.2.8 合并图层

在操作中，用户遇到图层过多的问题时，可以将不必要的图层进行合并，使多个图层转换为一个图层。选中图层后，执行快捷键 Ctrl+E 即可向下合并图层。若要合并所有可见图层，则可使用快捷键 Shift+Ctrl+E。同样，用户可以执行"图层/向下合并"或"图层/合并可见图层"命令，获得将图层合并的效果，如图 7.18～图 7.20 所示。

图 7.18   图 7.19   图 7.20

7.2.9 将背景图层转换为普通图层

打开一个图像文件后，在"图层"面板中会默认将该图像文件所在的图层作为"背景图层"加以锁定。如果用户对"背景图层"进行修改编辑需要先将其转换为普通图层。用户可以通过直接双击"背景图层"（图 7.21），在如图 7.22 所示弹出的对话框中单击"确定"按钮的操作方法来实现"背景图层"到普通图层的转换，普通图层如图 7.23 所示。

图 7.21   图 7.22   图 7.23

7.3 图 层 组

图层组是在"图层"面板中将多个相似图层放置在同一个文件夹中，以便于管理的一个工具。利用图层组功能，将各种不同类型的图层分门别类地存放起来，可以使用户在 Photoshop CC 图层操作中大大提高工作效率。

7.3.1 图层组的创建

在"图层"面板中单击"创建新组"按钮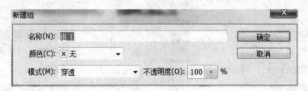，即可创建一个新的图层组，如图 7.24 所示。也可以执行"图层/新建/组"命令，打开"新建组"对话框，通过对话框设置新图层组的参数以获得图层组，如图 7.24 所示。

图 7.24

（1）名称：输入新建图层组的名字。
（2）颜色：在下拉菜单中可以为组增加颜色标识。
（3）模式：在下拉菜单中可以设置图层组的混合模式。
（4）不透明度：设置图层组的不透明度。

完成了图层组的创建后，在"图层"面板中将选中的图层直接拖拽到"组"上后释放鼠标，即可将图层放置到组中去，如图 7.25 所示。对于已经在组中的图层，也可以用同样的方法将其直接拖拽到组外，即可将图层带离该组，如图 7.26 所示。

图 7.25   图 7.26

7.3.2 显示、隐藏与取消图层组

在"图层"面板中可以显示或者隐藏图层组中的图层信息。单击图层组左侧的三角形图标即可切换图层组中图层的显示与隐藏，如图 7.27 和图 7.28 所示。

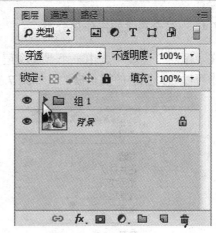

图 7.27   图 7.28

用户需要撤销已有的图层组时，可以选中该图层组后，右击，在弹出的快捷菜单中执行"取消图层编组"命令。图层组在被取消后，其内所有的图层将显示在"图层"面板中，不会被删除，如图 7.29～图 7.31 所示。

图 7.29   图 7.30   图 7.31

7.4 图 层 混 合 模 式

Photoshop CC 图层操作中，可以利用多个图层的相互叠加来实现某些特殊效果。在叠加图层的过程中，不同的图层混合模式为用户带来不同的效果。本节内容主要介绍图层混合模式的相关功能。

7.4.1 混合模式的操作与分类

在"图层"面板中选中一个普通图层后，单击面板中的 正常 ⇕ 按钮，在其下拉菜单中可以选择图层的混合模式，如图 7.32 和图 7.33 所示。

| 正常 |
| 溶解 |
| 变暗 |
| 正片叠底 |
| 颜色加深 |
| 线性加深 |
| 深色 |
| 变亮 |
| 滤色 |
| 颜色减淡 |
| 线性减淡（添加） |
| 浅色 |

图 7.32

| 叠加 |
| 柔光 |
| 强光 |
| 亮光 |
| 线性光 |
| 点光 |
| 实色混合 |
| 差值 |
| 排除 |
| 减去 |
| 划分 |
| 色相 |
| 饱和度 |
| 颜色 |
| 明度 |

图 7.33

在弹出的菜单中，Photoshop CC 已经自动将混合方式菜单分为了 6 区域，每个区域中为一种混合模式的类型，共有 6 种类型。依次为："组合"型混合模式、"加深"型混合模式、"减淡"型混合模式、"对比"型混合模式、"比较"型混合模式和"色彩"型混合模式。

7.4.2 "组合"型混合模式

"组合"型混合模式包含 "正常"、"溶解"两种混合模式。这两种模式需要在"不透明度"参数的调整下才能产生效果。打开底层图层（图 7.34）和当前图层（图 7.35），将图 7.35 叠加在图 7.34 上方，选择图层混合模式为"溶解"，"不透明度"为 50%，最终效果如图 7.36 所示。

图 7.34

图 7.35

图 7.36

7.4.3 "加深"型混合模式

"加深"型混合模式包含"变暗"、"正片叠底"、"颜色加深"、"线性加深"、"深色" 5 种混合模式。"加深"型混合模式的主要特点是可以将当前叠加的图层进行对比后，将底下的图层（图 7.37）变暗，顶部图层（图 7.38）白色的区域不再显示。本例以"正片叠底"效果作为演示，效果如图 7.39 所示。其他"加深"型混合模式效果用户可以自己进行测试。

图 7.37

图 7.38

图 7.39

7.4.4　"减淡"型混合模式

"减淡"型混合模式包含"变亮"、"滤色"、"颜色减淡"、"线性减淡（添加）"、"浅色"
5 种混合模式。"减淡"型混合模式的主要特点刚好与"加深"型混合模式相反，可以使上
面图层中的黑色减弱消失，用于加亮底下的图层。本例以"变亮"效果作为演示。底层图
层如图 7.40 所示，当前图层如图 7.41 所示，变亮混合如图 7.42 所示。其他"减淡"型混
合模式效果用户可以自己进行测试。

图 7.40

图 7.41

图 7.42

7.4.5　"对比"型混合模式

"对比"型混合模式包含"叠加"、"柔光"、"强光"、"亮光"、"线性光"、"点光"、"实
色混合"7 种混合模式。"对比"型混合模式的特点是综合"减淡"与"加深"两种叠加模
式的效果。本例以"亮光"效果作为演示，底层图层如图 7.43 所示，当前图层如图 7.44
所示，亮光混合后如图 7.45 所示。其他"对比"型混合模式效果用户可以自己进行测试。

图 7.43

图 7.44

图 7.45

7.4.6　"比较"型混合模式

"比较"型混合模式包含"差值"、"排除"、"减去"、"划分"4 种混合模式。"比
较"型混合模式的特点是通过比较叠加的两个图层，将色调相同的区域显示为黑色，不

同的区域显示为彩色。本例以"减去"效果作为演示,底层图层如图 7.46 所示,当前图层如图 7.47 所示,减去混合后如图 7.48 所示。其他"比较"型混合模式效果用户可以自己进行测试。

图 7.46

图 7.47

图 7.48

7.4.7 "色彩"型混合模式

"色彩"型混合模式包含"色相"、"饱和度"、"颜色"、"明度"4 种混合模式。"色彩"型混合模式的特点是可以将"色相、明度、饱和度"中的某一种或两种应用在图层混合中。本例以"饱和度"效果作为演示,底层图层如图 7.49 所示,当前图层如图 7.50 所示,饱和度混合后如图 7.51 所示。其他"色彩"型混合模式效果用户可以自己进行测试。

图 7.49

图 7.50

图 7.51

7.5 图 层 样 式

图层样式即图层所表现出来的不同的视觉效果。利用添加图层样式的各种选项,配合相应参数的调整,可以大大丰富我们的表现手段。Photoshop CC 为用户提供了大量的图层样式效果,如"投影"、"内阴影"、"斜面和浮雕"、"光泽"等。

7.5.1 创建图层样式

单击"图层"面板下方的"添加图层样式"按钮 *fx*,在弹出的菜单中单击所需的图层样式,如图 7.52 所示,即可打开"图层样式"对话框。

执行"图层/图层样式/混合选项"命令可打开"图层样式"对话框。使用该对话框可以编辑应用于图层的样式。单击复选框可应用该选项的默认设置,但不显示效果的选项。要显示效果选项则需单击效果名称,如图 7.53 所示。

图 7.52

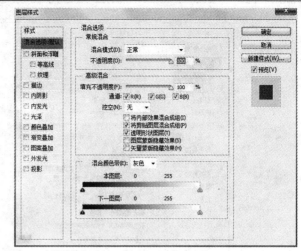

图 7.53

在"图层样式"面板的"样式"复选栏中，用户可以选择所需的图层样式效果，多种效果可以叠加使用。

（1）混合选项：在特殊情况下，可以完成高级图像混合功能。

（2）斜面和浮雕：对图层添加高光与阴影的各种组合。

（3）描边：使用颜色、渐变或图案在当前图层上描画对象的轮廓。它对于硬边形状（如文字）特别有用。

（4）内阴影：紧靠在图层内容的边缘内添加阴影，使图层具有凹陷外观。

（5）外发光和内发光：添加从图层内容的外边缘或内边缘发光的效果。

（6）光泽：应用创建光滑光泽的内部阴影。

（7）颜色、渐变和图案叠加：用颜色、渐变或图案填充图层内容。

（8）投影：在图层选定内容的后面添加阴影。

7.5.2 混合选项

在特殊情况下，"混合选项"可以完成高级图像混合功能。其详细的参数设置在面板右侧进行编辑，如图 7.53 所示。

（1）常规混合："混合模式"与"不透明度"的参数效果与"图层"面板中的对应选项相同，这里不再赘述。

（2）填充不透明度：该滑块可以设置图层填充颜色或填充图案的不透明度。

（3）通道：可以选择不同的颜色通道用以执行各种不同的混合模式。

（4）挖空：在下拉菜单中设置穿透某个图层直接看到下面的图层的效果，若为"无"则没有效果；若为"浅"则效果较弱；若为"深"则直接挖空到背景层。

（5）混合颜色带：下拉菜单中提供了选择 4 种不同的颜色通道。

7.5.3 斜面和浮雕

"斜面和浮雕"选项包含了"等高线"、"纹理"两个子选项。该选项可以对所选图层添加阴影与高光从而营造出带有浮雕或斜面效果的图像，如图 7.54 所示。

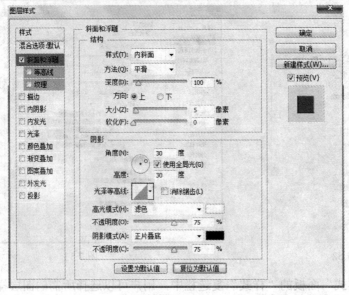

图 7.54

（1）结构：用于设定斜面浮雕效果的基本参数及其体积感效果。具体参数用户可以根据实际需求进行测试调整。

（2）阴影：用于设定斜面和浮雕效果阴影的角度、高度、不透明度，高光的模式等基本参数。具体参数用户可以根据实际需求进行测试调整。

（3）等高线：在复选框中勾选"等高线"后，在右侧面板中会出现"等高线预览图"、"等高线范围"的选项。主要用于设定等高线的样式与范围大小，如图 7.55 所示。

（4）纹理：在复选框中勾选"纹理"后，在右侧面板中会出现"图案选择"、"缩放"、"深度"、"反相"选项。这些选项的作用依次是：选择浮雕效果纹理的样式，控制纹理的大小、设定纹理体积感的强弱，将纹理的明暗效果反相，如图 7.56 所示。

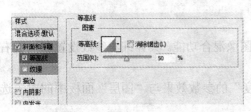

图 7.55

图 7.56

7.5.4　描边

"描边"是一种使用颜色或图案对当前图层或图层中的区域进行轮廓描绘的图层样式。如图 7.57 所示。打开图 7.58，为其添加 40 像素的描边效果，如图 7.59 所示。

（1）结构：设定描绘获得的轮廓线的大小、位置、混合模式与不透明度。

（2）填充类型：在下拉菜单中设定描绘轮廓的类型，包含"颜色"、"渐变"、"图案"3 个选项。

（3）颜色：设定轮廓填充的颜色。

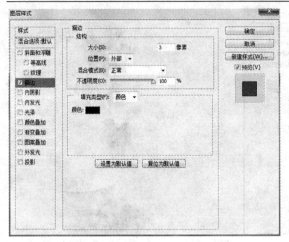

图 7.57 　　　　　　　　　　　　图 7.58 　　　　　　　图 7.59

7.5.5　内阴影

　　"内阴影"的效果主要是从图像的边缘向内侧产生阴影，它的效果与另一个"投影"样式比较类似，只是阴影的方向相反，如图 7.60 所示。

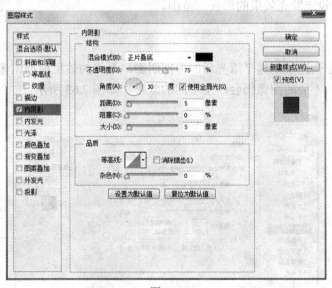

图 7.60

　　（1）结构：设定生成阴影的"混合模式"、"不透明度"、"角度"、"大小"等基本参数。

　　（2）品质：设定阴影的效果及色调。

7.5.6　内发光

　　"内发光"样式可以在图层边缘内侧添加发光的效果，与"外发光"效果类似，但是方向相反，如图 7.61 所示。打开图 6.58，使用工具后的效果如图 7.62 所示。

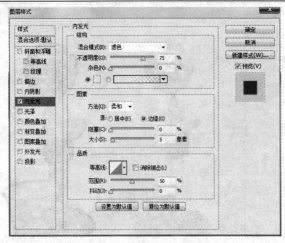

图 7.61　　　　　　　　　　　　　　　　　　　　　　　图 7.62

（1）结构：设定"内发光"效果的"混合模式"、"不透明度"、"杂色"、"发光颜色"的基础选项。

（2）图案：在"方法"下拉菜单中可以设置发光的方式；"源"里面可以选择发光的方向；"阻塞"、"大小"用于控制发光的渐变与大小。

（3）品质：设定发光效果的形状、范围。

7.5.7　光泽

"光泽"用于为图层创建平滑光泽的内部阴影，最终的效果根据图像的轮廓决定，即使参数完全相同，不同的图像仍会产生不同的效果，如图 7.63 所示。

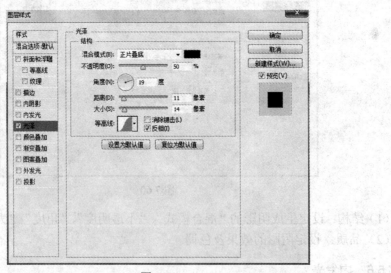

图 7.63

（1）角度：通过数值可以设定生成光泽阴影的角度。

（2）距离、大小：数值用于设定光泽阴影的距离和大小尺寸。

（3）等高线：设定光泽阴影的形状。

7.5.8　颜色叠加

“颜色叠加”效果与“渐变叠加”、“图案叠加”效果非常类似，都是以某个对象来填充图层选区。“颜色叠加”就是直接向图层填充颜色，如图 7.64 所示。打开图 7.58，将选项面板中的“混合模式”设置为“正片叠底”，颜色为红色，最终效果如图 7.65 所示。

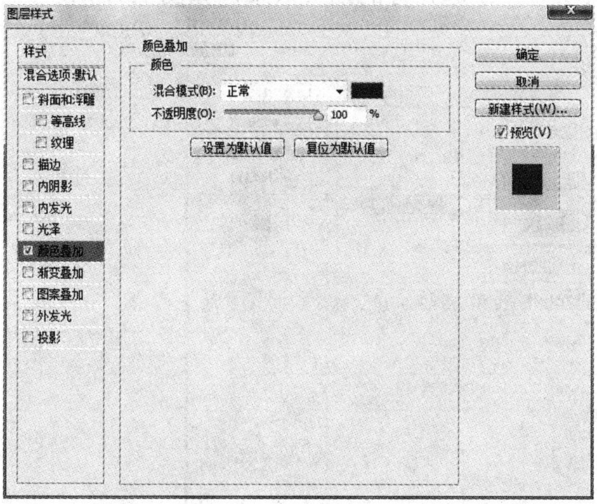

图 7.64

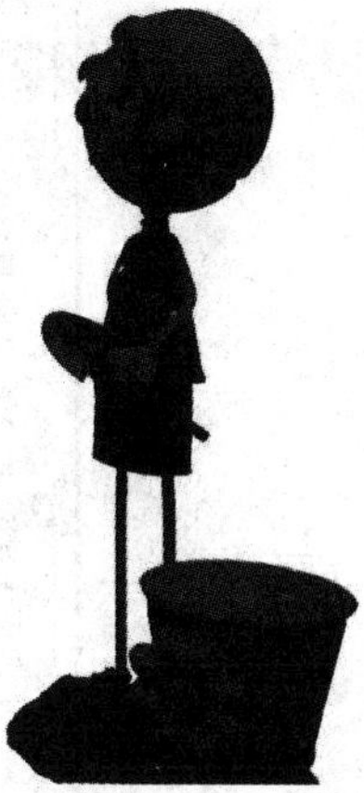

图 7.65

（1）混合模式：在下拉菜单中选择颜色与图层叠加的模式，以及需要叠加填充的颜色。

（2）不透明度：设定颜色的透明效果。

7.5.9　渐变叠加

“渐变叠加”效果与“颜色叠加”、“图案叠加”效果非常类似，都是以某个对象来填充图层选区。“渐变叠加”就是向图层填充一个渐变效果，如图 7.66 所示。

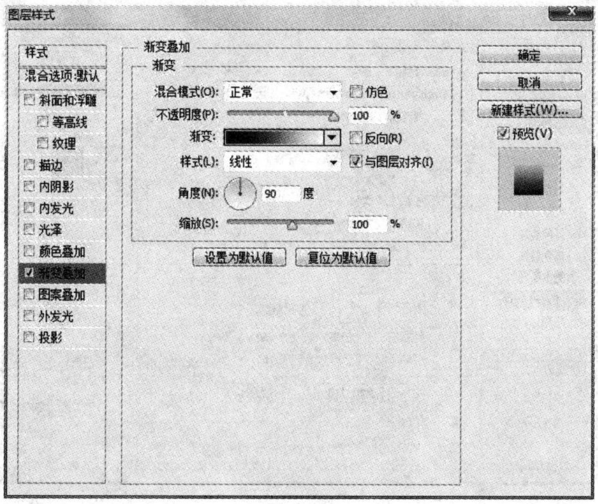

图 7.66

（1）渐变：单击后打开"渐变编辑器"对话框，可以设定渐变颜色。

（2）样式：设定渐变的方向与角度。

7.5.10 图案叠加

"图案叠加"效果与"颜色叠加"、"渐变叠加"效果非常类似，都是以某个对象来填充图层选区。"图案叠加"就是向图层填充一个选择好的图案效果，如图 7.67 所示。

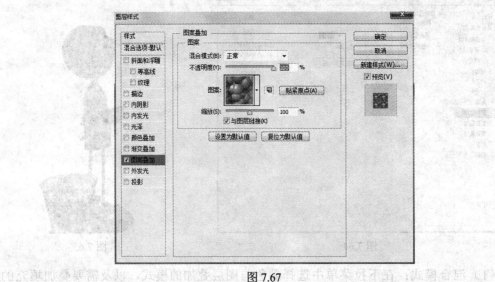

图 7.67

图案：在下拉菜单中选择需要填充的图案。

7.5.11 外发光

"外发光"样式可以在图层边缘内侧添加发光的效果，与"内发光"效果类似，但是方向相反，如图 7.68 所示。

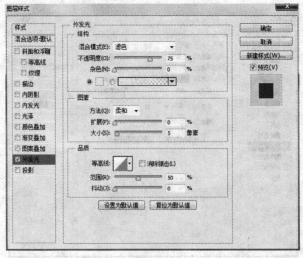

图 7.68

（1）结构：设定"内发光"效果的"混合模式"、"不透明度"等基础选项。

（2）图案：在"方法"下拉菜单中可以设置发光的方式；"源"里面可以选择发光的方向；"阻塞"、"大小"用于控制发光的渐变与大小。

（3）品质：设定发光效果的形状和范围。

打开图 6.58，以"滤色"作为混合模式，颜色使用黄绿色，由于背景太亮很难看出效果，因此将图像背景换为黑色。最终效果如图 7.69 所示。

图 7.69

7.5.12 投影

"投影"样式可以为选中的图层或文字添加阴影，使图层内的图像产生立体的效果。与"内阴影"的效果比较类似，但是方向相反，如图 7.70 所示。

（1）使用全局光：勾选后会影响到所有图层的投影效果。

（2）距离、扩展、大小：设定投影与图像之间的距离，虚化程度与大小。

（3）品质：控制整个图层投影的效果。

打开图 6.58，设置"距离"、"大小"、"扩展"等参数，得到最终效果，如图 7.71 所示。

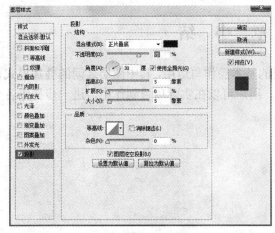

图 7.70

图 7.71

案例教学：利用图层样式制作按钮

（1）新建图层。使用椭圆选择工具，建立按钮雏形，以进行渐变填充，如图 7.72 所示。

（2）再新建图层一个，使用椭圆选择工具，为按钮添加一个外边缘，如图 7.73 所示。

图 7.72

图 7.73

（3）选择按钮外边缘图层，单击图层样式按钮，选择添加阴影，在"样式"面板中选择适当的参数，直到形成立体的按钮效果，如图 7.74 和图 7.75 所示。

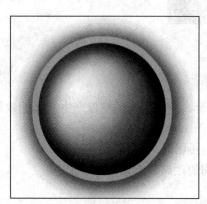

图 7.74

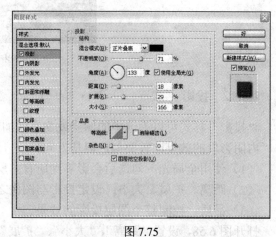

图 7.75

本 章 小 结

本章主要介绍 Photoshop CC 中图层的基本操作与运用，其中图层之间的叠加模式以及多个图层样式的综合应用是本章的难点。用户可以在实际项目制作中，进一步探索各个功能的综合效果。

第8章 蒙版的应用

8.1 蒙 版 概 述

蒙版用于控制图像显示的区域，使用蒙版不会因为使用修改工具而破坏掉原图像，修改也很方便，并且可以运用各种不同的滤镜，以产生一些特殊特效。Photoshop CC 中的蒙版包括图层蒙版、剪贴蒙版、矢量蒙版和剪贴蒙版。

8.2 蒙 版 的 基 本 操 作

蒙版工具是 Photoshop CC 中对图层进行编辑的最主要工具之一，本节主要介绍蒙版的创建、停用、删除等最基本的操作。

8.2.1 蒙版的创建

在"图层"面板中选中需要添加蒙版的图层后，单击最下方按钮栏中的 "添加图层蒙版"图标▣，如图 8.1 所示，即可为选中的图层添加一个蒙版，该蒙版的类型为默认的"图层蒙版"，如图 8.2 所示。

图 8.1

图 8.2

8.2.2 蒙版的删除

在操作中，对于不再需要的蒙版可以进行删除操作。删除蒙版的方法有很多：

（1）在蒙版上右击，在弹出快捷的菜单中执行"删除图层蒙版"命令，可以直接删除蒙版，如图 8.3 所示。

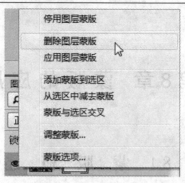

图 8.3

（2）可以直接在"图层"面板中选择要删除的蒙版，将其直接拖拽到"图层"面板下方的"删除"按钮上，在弹出的对话框中单击"删除"按钮即可，如图 8.4 和图 8.5 所示。

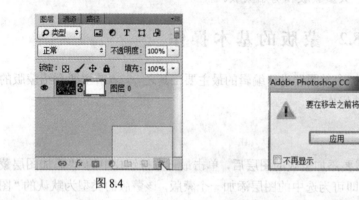

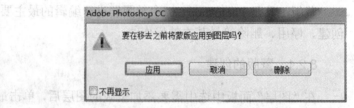

图 8.4 　　　　　　　　　　　　　　　　　图 8.5

8.2.3　蒙版的停用

当用户对当前蒙版进行了相关的编辑操作后，希望看到原始图像的效果时，可以将蒙版暂时停用而不删除蒙版。在蒙版上右击，在弹出的快捷菜单中执行"停用图层蒙版"命令，可以停用蒙版，如图 8.3 所示。

停用蒙版后在"图层"面板的蒙版上会出现一个红色的"X"符号，如图 8.6 所示。只要单击这个"X"符号，可以将停用的蒙版重新启用。

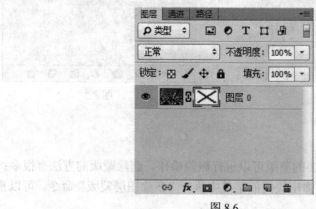

图 8.6

8.2.4　蒙版的应用

用户完成了对蒙版的编辑后，可以将蒙版直接应用到图层中。一旦执行了"应用图层蒙版"命令，则蒙版的效果将被保留且蒙版与图层直接合并，蒙版不可再被编辑。应用蒙版的方法如下：

（1）在蒙版上右击，在弹出的快捷菜单中执行"应用图层蒙版"命令，可以应用蒙版，如图 8.3 所示。

（2）可以直接在"图层"面板中选择对应的蒙版，将其直接拖拽到"图层"面板下方的"删除"按钮上，在弹出的对话框中单击"应用"按钮即可，如图 8.4 和图 8.5 所示。

8.3　蒙　版　面　板

用户在完成了蒙版的创建后，选中蒙版所在图层，执行"窗口/属性"命令，可以打开"属性"面板。"属性"面板中显示的是当前蒙版的相关编辑内容，如图 8.7 所示。使用"蒙版"面板可以调整选定蒙版的不透明度和羽化范围等参数。

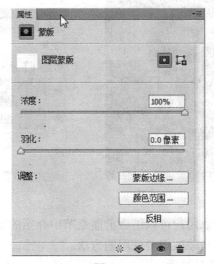

图 8.7

（1）蒙版切换按钮：可以在"图层蒙版"与"矢量蒙版"之间进行切换。

（2）浓度、羽化：用于控制蒙版的不透明度，羽化用于柔化边缘。

（3）蒙版边缘：与"调整边缘"命令相似，用于修整蒙版边缘，并针对不同的背景查看蒙版。

（4）单击调色范围：可打开"色彩范围"对话框，通过对图像的取样、调整颜色容差，设置蒙版范围。

（5）反向：将蒙版颜色进行反向操作。

（6）：4 个按钮依次为"从蒙版中载入选区"、"应用蒙版"、"停用/启用蒙版"、"删除蒙版"。这里的"应用蒙版"、"停用/启用蒙版"、"删除蒙版"3 个命令与之前介绍的命令完全相同，是另一种操作方式。

8.4　多种类型蒙版的操作与使用

Photoshop CC 为用户提供了 4 种不同类型的蒙版，包括："图层"面板、"快速"面板、矢量蒙版、剪贴蒙版。蒙版不仅可以控制图像的显示与否，还可以添加样式、进行变换、编辑等操作，不同蒙版间还可以相互转换，便于抠图、作图的边缘淡化效果、图层间的融合等操作。

8.4.1　图层蒙版

图层蒙版是一张灰度图像，白色区域可以遮挡下面图层的内容，黑色区域遮挡当前图层的内容，灰色部分表现为不同的透明度。使用图层蒙版不仅可以控制图像显示，更可以方便地进行色彩校正、内容选择等操作。

单击"图层"面板底部的"添加图层蒙版"按钮 ⬛，即可为当前图层添加蒙版。例如，我们选择渐变工具，选中图层蒙版应用渐变，即可产生效果，如图 8.8 和图 8.9 所示。

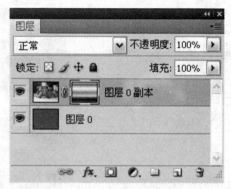

图 8.8　　　　　　　　　　　　　　　　图 8.9

利用"图层蒙版"的特点用户可以结合前面章节中介绍的工具，来对图像进行编辑操作。下面介绍几种其他工具与蒙版综合使用的方法。

1. 利用画笔工具编辑图层蒙版

打开两个图，分别为底层图像（图 8.10）和上层图像（图 8.11）。为上层图像创建"图层蒙版"，使用"画笔工具"在上层图像上绘制图像，颜色为黑色。应用蒙版后，两个图层叠加，即可露出下面的图层，效果如图 8.12 所示。

图 8.10　　　　　　　　　　图 8.11　　　　　　　　　　图 8.12

2. 利用渐变工具编辑蒙版

打开图 8.13，在图像中有 3 个图层，如图 8.14 所示。图层之间相互叠加，但是叠加的图像边缘没有任何修饰，效果非常生硬。用户可以利用渐变工具和图层蒙版工具来对叠加图像的边缘进行虚化处理，以实现更好的效果。

图 8.13

图 8.14

单击"创建图层蒙版"按钮，为"图层 1"创建一个蒙版。激活工具箱中的"渐变工具"，为"图层 1"中图像的右侧边缘添加一个由黑色到白色的渐变，如图 8.15 所示。渐变完成后"图层 1"的右侧边缘产生了虚化的效果，如图 8.16 所示。

完成了一侧边缘的虚化后，选中该蒙版单击右键，在弹出的快捷菜单中执行"应用图层蒙版"命令。使蒙版与图层合并同时边缘虚化的效果被保留，如图 8.17 所示。

分别对图像的另外 3 侧边缘采取相同的操作，可以使图片四周的边缘虚化，但中间的图像仍为实体，最终效果如图 8.18 所示。经过处理后的图像再叠加时不再有生硬、局促的感觉。

图 8.15

图 8.16

图 8.17

图 8.18

用户还可以从选区和图像中创建图层蒙版，方法基本类似。只要将路径转化为选区，然后单击添加图层蒙版按钮即可；或者将图像复制到图层蒙版中。

8.4.2 快速蒙版

"快速蒙版"是一种可以用于创建选区、扣取图像的蒙版工具。可以将任何已有的选区作为快速蒙版进行编辑。双击工具箱下方的"以快速蒙版模式编辑"按钮，可以打开"快速蒙版选项"面板，在该面板中可以对快速蒙版进行设置，如图 8.19 所示。

图 8.19

（1）色彩指示：可以设定使用快速蒙版时蒙版颜色指示的区域。

（2）颜色：单击颜色框，可以打开"拾色器"对话框，选择蒙版选中区域的颜色，默认为红色。不透明度可以设置该区域颜色的不透明度。

用户可以利用"快速蒙版"创建选区，并完成抠像的操作。打开图 8.20，单击工具箱下方的"以快速蒙版模式编辑"按钮，进入快速蒙版编辑状态。

图 8.20

图 8.21

使用绘图工具，对图像进行涂抹，被涂抹的区域即为"快速蒙版选项"对话框中设定的半透明的红色，如图 8.21 所示。涂抹完成后，再次单击工具箱下方的"以标准模式编辑"按钮，将红色的被涂抹区域变为选区，如图 8.22 所示。把选区内的图像删除，即可完成抠像的操作，如图 8.23 所示。

图 8.22

图 8.23

8.4.3　矢量蒙版

矢量蒙版由钢笔或形状工具创建，因此可以任意缩放。要创建矢量蒙版，选择矢量工具绘制。然后选中该路径，选择"图层/矢量蒙版/当前路径"命令，或者按 Ctrl 键单击"图层"面板下方的"添加图层蒙版"按钮，即可创建基于该形状的矢量蒙版。

打开图像，使用工具箱中的"自定义形状工具"为图像绘制一个图形，如图 8.24 所示。在"路径"面板中选中创建出来的图形路径，执行"图层/矢量蒙版/当前路径"命令，将路径转换为矢量蒙版，获得最终效果，如图 8.25 所示。

图 8.24　　　　　　　　　　　　　　　　　图 8.25

用户可以编辑蒙版形状，添加新的形状，进行变换等操作从而改变矢量蒙版的形状。执行"图层/栅格化/矢量图层"命令即可将矢量蒙版转化为图层蒙版。

8.4.4　剪贴蒙版

剪贴蒙版使用下层图像的形状限制上层图像的显示范围，与其他两种蒙版的不同之处在于它可以控制多个图层的显示与否。Photoshop CC 通过了多种方法可以创建"剪贴蒙版"。

执行"图层/创建剪贴蒙版"命令，可以创建"图层"面板，或者选中图层后单击"图层面板"右上角的"扩展"按钮，在弹出的菜单中选择"创建剪贴蒙版"命令。

打开一个文件，新建图层,如图 8.26 所示。然后将其移到猫图层下面，执行"图层/创建剪贴蒙版"命令，或直接使用快捷键 Alt+Ctrl+G，即可创建一个剪贴蒙版，如图 8.27 所示。

图 8.26　　　　　　　　　　　　　　　　　图 8.27

此时"图层"面板如图 8.28 所示，第一个图层前面有一个向下指向的箭头，这个图层叫做内容图层；图层名称带有下划线的叫基底图层，向下的箭头表示这是一个剪贴蒙版。移动基底图层时，内容图层相应地也会改变显示区域。如果将其他图层拖动到基底图层上可以把新图层加入剪贴蒙版；选择"图层/释放剪贴蒙版"命令即可释放全部剪贴蒙版。

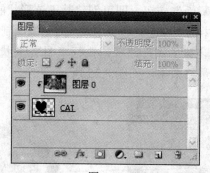

图 8.28

8.4.5 其他蒙版操作

将蒙版拖动到另一图层，可实现蒙版的转移；按 Alt 键的同时拖动则可以复制蒙版。创建蒙版时，图像与蒙版将会自动链接，中间显示一个链接图标，单击该图标即可控制蒙版的链接与否。在蒙版上右击，可弹出快捷菜单，如图 8.29 所示。

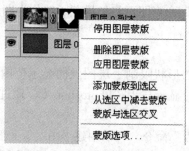

图 8.29

本 章 小 结

本章介绍了 Photoshop CC 中蒙版工具的应用，其中"图层"面板与"矢量蒙版"是在图像处理操作中最常用的工具之一，也是本章学习的重点与难点。

第9章 通 道 的 应 用

9.1 通 道 概 述

通道是 Photoshop CC 中最强大的功能之一，利用通道工具可以创建复杂的选区、对图像进行调色与抠像，还可以对图像进行高级合成等操作。因此通道是用户在 Photoshop CC 学习中必须要掌握的知识点。

通道的概念

通道可以说是用来存储选区与色彩信息的地方。通道分为复合通道、颜色通道、Alpha通道、图层蒙版和专色通道 5 种。Photoshop CC 会自动根据图像的模式建立起颜色通道，颜色通道的数目由图像的色彩模式决定。Alpha 通道可以将选区存储为灰度图像，专色通道用来存储专色，专色是指用以替代或补充印刷色的特殊油墨。

9.2 "通 道"面 板

通道的大多数操作都是在通道面板中进行的，执行"窗口/通道"命令，可以显示或隐藏"通道"面板，"通道"面板列出当前图像的所有通道。面板底部的 4 个按钮分别为：将通道作为选取载入、将选区存储为通道、创建新通道和删除当前通道，如图 9.1 所示。

图 9.1

（1）"眼睛"图标 👁：单击该图标可以控制通道的显示或隐藏。

（2）将通道作为选区载入 ⬚：单击该按钮后可以将通道中的信息转换为选区。

（3）将选区存储为通道 ▣：单击该按钮可以将图像中的选区转换成蒙版，存储到新增的 Alpha 通道中。

（4）创建新的通道 ⬚：单击该按钮可以创建出一个新的 Alpha 通道。

（5）删除通道 🗑：选中通道后单击该按钮即可删除通道。

单击一个通道即可选中该通道，同时图像以相应的灰度图像显示；如果选择多个通道，图像将显示所选的色彩通道的为复合信息，如图9.2和图9.3所示。

图 9.2

图 9.3

9.3　通道的类型

通道分为复合通道、颜色通道、Alpha 通道、图层蒙版和专色通道 5 种，如图 9.4 所示。

图 9.4

（1）RGB 通道——"复合通道"：复合通道始终以彩色的方式显示图像，用于预览整个通道编辑的一个快捷方式。该通道只能在 RGB、CMYK、Lab 模式的图像中使用。

（2）"红"、"绿"、"蓝"——"颜色通道"：颜色通道是图像自带的通道，存储了图像中的色眼信息。

（3）"图层 0 蒙版"——"图层蒙版"：在"图层"面板中创建的图层蒙版同样可以在"通道"面板中显示。

（4）"专色 1"——"专色通道"：用于专色油墨印刷的附加印版。

（5）Alpha 1——"Alpha 通道"：是一种将选区存储为灰度图像的通道。

9.4　通道的基本编辑

通过前面对"通道"面板的介绍，用户已经大致了解了"通道"面板的功能。Photoshop CC 通道功能的主要编辑都是在"通道"面板中完成的，本节将介绍通道的基本编辑。

9.4.1　创建与重命名

用户在操作过程中，可以通过新建通道来对图像进行编辑，同时又不会破坏图像原始的通道效果。创建不同类型的通道的方法很多：

方法 1：单击"通道"面板下方的"创建新通道"按钮即可创建一个 Alpha 通道。

方法 2：单击"通道"面板右上角的扩展按钮，选择"新建通道"命令，在弹出的对话框中，可以修改通道的名称、颜色等参数，单击"确定"按钮也可以创建一个 Alpha 通道，如图 9.5～图 9.7 所示。

图 9.5　　　　　　　　　　　　图 9.6　　　　　　　　　　　　图 9.7

方法 3：单击"通道"面板右上角的"扩展"按钮，选择"新建专色通道"命令，在弹出的对话框中可以修改通道的名称、颜色等参数，单击"确定"按钮也可以创建一个专色通道，如图 9.8～图 9.10 所示。

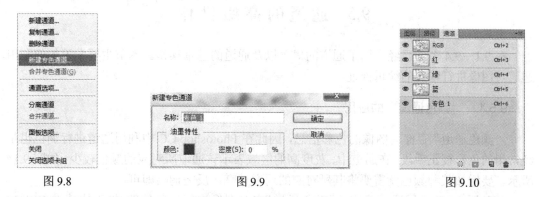

图 9.8　　　　　　　　　　　　图 9.9　　　　　　　　　　　　图 9.10

方法 4：在"图层"面板中创建一个图层蒙版，即可自动在"通道"面板中生成一个对应的图层蒙版通道。

对于已经创建的 Alpha 通道，用户可以对 Alpha 通道进行重命名，在"通道"面板中双击 Alpha 通道名称即可。

9.4.2 通道的复制和删除

通道的复制有两种方法：一种是直接拖动原有通道，到面板的"创建新的通道"图标 处释放即可；另一种是直接在通道上右击，执行"复制通道"命令，在弹出的"复制通道"对话框中进行复制，如图 9.11～图 9.13 所示。要在不同的文档中复制通道，首先选中要复制的通道，然后在"通道"面板菜单中选择"复制"命令即可。

| 图 9.11 | 图 9.12 | 图 9.13 |

如果要删除，直接拖到垃圾桶的图标上即可，就能够形成新的通道。还可以直接在通道上右击，执行"删除通道"命令，如图 9.11 所示。要注意的是，复合通道不可复制删除。

9.4.3 通道的分离和合并

执行"通道"面板菜单中的"分离通道"命令，如图 9.1 所示，可以将通道分离为单独的灰度文件，能分别存储和编辑新的图像。

执行"通道"面板菜单中的"合并通道"命令可以合并灰度图像，创建彩色图像，但所合并的图像必须尺寸相同，都处于打开状态。要注意的是，要合并的图像模式必须是灰度模式。

9.5　通道的高级操作

在 9.1～9.4 节中已经介绍了通道的概念以及通道的基本操作。本节主要学习如何利用通道对图像进行特殊的编辑处理。

9.5.1 "颜色通道"的应用

"颜色通道"存储着图像的色彩信息，因此在 Photoshop CC 中利用通道进行调色也是经常用的色彩校正手段。在通道中，灰度高的区域表示该通道所对应的颜色较少，如图 9.14 所示。要增加某种颜色就需要将其所对应的通道调亮，反之调暗即可。

打开图 9.15，尝试通过不同的"颜色通道"来对图像进行调色处理。按下快捷键 Ctrl+M 打开"曲线"调色对话框，在对话框的"通道"下拉菜单中选择"红"通道，如图 9.16 所示。

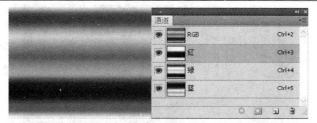

图 9.14

图 9.15

图 9.16

在"曲线"对话框中对"红"通道的曲线进行调整，如图 9.17 所示。通过调整使图像中红色的颜色信息发生改变，效果如图 9.18 所示。

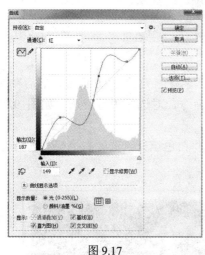

图 9.17

图 9.18

接下来，在"曲线"对话框中分别对"绿"、"蓝"两个通道进行相同的曲线调整操作，最终获得的图像调色效果如图 9.19 所示。

如第 5 章所述，"曲线"、"色阶"等命令都可以用来调整通道，这里不再赘述，请读者自行练习。

图 9.19

9.5.2 "Alpha 通道" 的应用

"Alpha 通道" 是一种将选区存储为灰度图像的通道。"Alpha 通道" 中被选区选中的区域以白色显示，未被选中的区域以黑色显示，带有羽化效果的区域则以灰色进行显示。

打开图 9.15，通过 Alpha 通道来为图像制作相框效果。单击 "通道" 面板中的 "创建新通道" 按钮，创建一个 Alpha 通道，如图 9.20 所示。

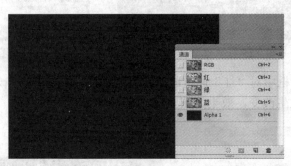

图 9.20

单击工具箱中的 "矩形选框工具"，将选项栏中的 "羽化" 设置为 60 像素，然后在图像上创建一个矩形选框。完成后，执行 "选择/方向" 命令，对选区进行反选，如图 9.21 所示。

把 "前景色" 改为白色后，按快捷键 Alt + Delete 将白色填充给选区。执行 "选择/取消选择" 命令将选区取消，效果如图 9.22 所示。

图 9.21

图 9.22

为已经取消选择的图像添加一个滤镜。执行"滤镜/滤镜库/素描/单调图案"命令，在弹出的对话框中设置参数，为图像添加滤镜效果，如图 9.23 所示。滤镜的详细内容会在后面的章节中详细介绍。

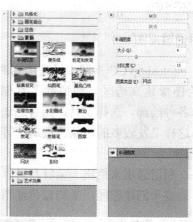

图 9.23

按住 Ctrl 键单击"Alpha 通道"，重新载入白色区域的选区。回到"图层"面板中，创建一个新的空白图层，并选中该图层，为其填充一个颜色。最终获得相框效果，如图 9.24 所示。

图 9.24

9.5.3 专色通道的应用

专色通道是一种较为特殊的通道，它主要应用于图像打印。在打印中为图像添加烫金、烫银、荧光油墨等效果。通过专色印刷可以使作品更加具备质感，加强视觉效果。

单击"通道"面板右上角的"扩展"按钮，执行"新建专色通道"命令，可以打开"新建专色通道"对话框，如图 9.25 所示。

图 9.25

（1）名称：设定新建专色通道的名字。

（2）颜色：单击方框，可以在弹出的拾色器中设定填充的颜色，默认为红色。

（3）密度：密度与颜色相关联，密度数值越小则上层的油墨显示越透明，数值越大则上层的油墨越不透明。

9.5.4　利用通道抠图

通道抠图是 Photoshop CC 抠图中经常用到的方法，利用图像的色相或明度的差别，配合不同的方法给图像建立选区。通道除了存储选区的功能外，还可以编辑选区。利用 Photoshop CC 的各种绘画、选择工具，结合通道的使用，可以制作出许多复杂选区。通道是处理诸如小狗这样毛发较多的对象、玻璃杯等带有透明度的物体和运动的人物等复杂对象时的最佳选择。

打开图 9.26，利用通道来抠出一朵牡丹花。观察图像通道，蓝色通道的对比度最高，边缘比较清晰，适宜于创建选区，复制蓝色通道。

图 9.26

调整色阶选项，尽量在保证边缘完整细腻的情况下增加对比度，如图 9.27 所示。

图 9.27

使用选择工具、画笔工具等处理该通道，使得牡丹完全成为白色，其余地方为黑色，如图 9.28 所示。

图 9.28

将"蓝副本"通道作为选区载入,回到"图层"面板,删除不需要的部分,再稍作色彩调整即可完成抠图,如图 9.29 所示。

图 9.29

9.5.5 "应用图像"命令

执行"图像/应用图像"命令,打开"应用图像"对话框,如图 9.30 所示。应用图像命令可以把一个图像的图层、通道与当前图像的图层和通道混合,常与混合模式结合使用,以创造特殊效果。

注意:在使用"应用图像"命令时非常重要的一点是,两个图像的尺寸必须是一样的,否则无法获取"图像源"。

图 9.30

（1）源：其下拉列表中为当前打开的多个尺寸相同的图像文件，从中可以选择一幅图像与当前图像混合，默认设置为当前图像。

（2）图层：选择源文件中的图层参与计算，如果没有图层，则只能选择背景；如果有多个图层，则除了可以选择某一个图层外，还可以选择合并图层，表示选定所有层。

（3）通道：选择源文件中的通道参与计算。勾选反选项则将源文件反转后进行计算。

（4）混合：选择下拉列表中的合成模式进行计算。

（5）不透明度：计算结果对源文件的影响程度。

（6）保留透明区域：选取后只对不透明区域进行合并。但如果选择了背景，该选项则不能使用。

（7）蒙版：选择该项后，会增加 3 个列表框和一个反选复选框。可以再选择一个图像文件的图层和通道作为蒙版计算，如图 9.31 所示。

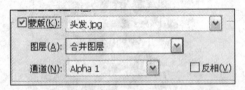

图 9.31

打开图 9.32 和图 9.33，执行"图像/应用"命令，在弹出的"应用图像"对话框中设置相关参数，如图 9.34 所示。在对话框中勾选"预览"即可实时地观察图像相互叠加的效果。完成后单击"确定"按钮，即可获得最终效果，如图 9.35 所示。

图 9.32

图 9.33

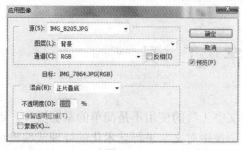

图 9.34

图 9.35

9.5.6 "计算"命令

执行"图像/计算"命令，打开"计算"对话框，如图 9.36 所示。计算命令与应用图像相同，它可以混合两个或多个源图像的单个通道，创建新的通道或选区。

图 9.36

（1）源 1（S）：单击下拉菜单，可以选择源图像。

（2）图层（L）：单击下拉菜单，可以选择混合图层。

（3）通道（C）：在下拉菜单中选择混合的通道。

（4）源 2（U）：在下拉菜单中选择第 2 个源图像。

（5）图层（Y）：在下拉菜单中选择第 2 个混合图层。

（6）通道（H）：设定图像的计算通道，而且它不会受到图像模式的影响。

（7）混合（B）：在下拉菜单中选择"源 1"与"源 2"的混合模式。

（8）不透明度（O）：设定图像混合的透明度。

（9）蒙版（K）：勾选后可以激活图像、图层和通道选项。

（10）结果（R）：在下拉菜单中设置"新建文档"、"新建通道"、"新建选区"等存储方法。

本 章 小 结

本章主要介绍了 Photoshop CC 中"通道工具"的使用方法。用户熟练掌握这些功能可以大大提高图像处理过程中的工作效率。利用通道工具进行"调色"操作与"抠像"操作是本章的重点与难点。

第 10 章 文 字 工 具

文字在设计中是最常用到的元素之一，学习文字工具的使用不是简单的掌握操作，而是综合运用所学知识，将文字用得恰到好处。在图像中对文字进行艺术化的处理或编辑可以使画面的整体效果更进一步。

10.1 文 字 工 具 概 述

在 Photoshop CC 中，文字由基于矢量的轮廓组成，在用户对文字进行缩放、调整大小等编辑时，编辑后的文字不会产生锯齿。只有对文字图层进行栅格化操作，文字图层被转换为正常图层后，其内容不能再作为文本进行编辑。

10.1.1 文字工具

单击工具箱中的"文字工具"按钮 T.，展开文字工具的菜单。其中，横（直）排文字工具用于创建点文字，横（直）排文字蒙版工具用来创建文字选区，如图 10.1 所示。

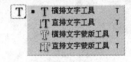

图 10.1

在选择文字工具后，可以在文字工具选项栏中进行相关的设定，包括字体格式、大小、颜色、消除锯齿、对齐方式等，如图 10.2 所示。

图 10.2

（1）"更改文字方向"按钮 IT：单击该按钮可以将文字排列方向在横排与直排之间切换。

（2）字体设定 宋体　　▼：可以在下拉菜单中选择文字的字体。

（3）字体样式 -　　▼：可以在下拉菜单中选择字体样式。

（4）字体大小 IT 18点 ▼：通过数值设置字体的大小，数值越大则字体越大，数值越小字体越小。

（5）消除锯齿的方法 aa 无　　▼：下拉菜单中提供了 5 种消除文字边缘锯齿的方式。

（6）文本对齐 ■ ≡ ≡：可以在 3 个按钮中设置文字对齐的方式。

（7）文字颜色 ■：单击后打开"拾色器"对话框，从中设置文字的颜色。

（8）创建变形文字 工：单击打开"变形文字"对话框，设定文字的形态。

（9）"字符、段落"面板📋：单击可以打开或隐藏"字符、段落"面板。

10.1.2 创建、编辑文字

选择文字工具后，在画布上单击，设置文字的输入点，画布中出现一个闪烁的光标。此时即可输入文字，用户还可在工具选项栏或字符面板中对文字进行相应的调整，如图 10.3 所示。

图 10.3

10.1.3 创建、编辑段落文本

输入段落文本前需设定一个文本框，段落文本中文字在达到文本框的边缘时会自动换行。并且段落文字或者文本框发生变化时，文本会自动以新的内容填充新的文本框，段落文本适合于较多的文字。段落文本的创建方法如下：

在工具箱中选择文字工具 T，将光标移动到输入文本的位置拖动，得到一个文本框。在文本框中输入或者粘贴文字，文字到达文本框边界时会自动换行。如需手动换行，按 Enter 键即可。单击文字工具选项栏中的"确定"按钮 ✓，结束段落文本的创建，此时在"图层"面板中可以发现一个新的文字图层，如图 10.4 所示。

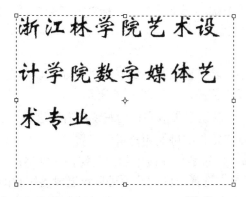 

图 10.4

10.1.4 "字符"和"段落"面板

执行"窗口/字符"命令，或者单击选项栏中的"字符、段落"面板按钮█，可以打开"字符"面板。

1. 字符面板

"字符"面板提供了比工具选项栏更多的字体调整属性，可以设置字体的"大小"、"间距"、"缩放"等参数，如图 10.5 所示。

图 10.5

（1）设置行间距█：下拉菜单中可以设定每行文字之间的垂直间距，数值越大则间距也越大。

（2）字距微调█：设置字符的间距，数值越大则间距也越大。

（3）所选字符字距调整█：对选中的字符进行间距的调整，数值越大则间距也越大。

（4）所选字符比例间距█：以比例的方式设定选中字符间的距离，数值越大则间距越小。

（5）垂直缩放文本█：设定选中文本的高度缩放比例。

（6）水平缩放文本█：设定选中文本的水平缩放比例。

（7）基线偏移█：用于设定选中字符与基线之间的距离，数值为正值时字符向上偏移，数值为负值时字符向下偏移。

（8）特殊字符样式 █ █ █ █ █ █ █ █：为字符提供了特殊的样式，分别为："仿粗体"、"仿斜体"、"全部大写字母"、"全部小写字母"、"上标"、"下标"、"下划线"、"删除线"按钮。

2. 段落面板

"段落"面板可以格式化段落文字，除了面板显示的参数外，还可以单击面板右上角的"扩展"按钮，在弹出的菜单中进行相关操作，如图 10.6 所示。

（1）左右缩进█ █：通过数值可以设定段落字符向左或向右缩进。

（2）首行缩进█：通过数值对段落首行缩进的距离进行设置。

（3）在段落前后添加空格█ █：通过数值在段落的前后端插入空格。

（4）避头尾法则设置：在下拉菜单中选择不同的选项可以设置段落字符的编排方式。

（5）间距组合设置：在下拉菜单中选择 Photoshop CC 提供的段落字符间距组合。

图 10.6

10.2 创建变形文字和路径文字

在做设计时，有些文字内容非常重要，以至于用字号、颜色、位置等手段都无法很好地强调它时，可以尝试对文字进行变形。另外，利用文字变形还可以实现一些特殊的效果。

10.2.1 创建变形文字

选择工具箱中的文字工具，输入文字，在"字符"面板中对文字进行设定。选中要变形的文字图层，执行"图形/文字/文字变形"命令，或者直接在文字工具选项栏中单击"创建变形文字"按钮 ，都可以打开"变形文字"对话框。

在其"样式"下拉列表中有 15 种文字变形方式，选择其中一种，并在"变形文字"对话框中调整其变形的程度。调整结束后，单击"确定"按钮，如图 10.7 所示。

图 10.7

10.2.2 创建路径文字

路径文字能够使文字沿路径排列，从而更加方便文字的灵活运用。路径文字的具体制作方法如下：

（1）新建一个文件。选取钢笔工具 ，在工具栏选项上单击"路径"按钮 ，在图像上拖动，绘制路径，如图 10.8 所示。

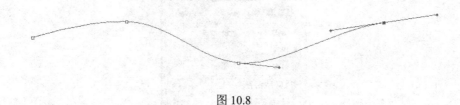

图 10.8

（2）选取横排文字工具 ▣，在路径上单击，用键盘输入文字，可以看到文字走向随着路径的曲线变化，如图 10.9 所示。

图 10.9

（3）选择移动工具 ▣，打开"路径"面板，可以看到出现两条工作路径，如图 10.10 所示。

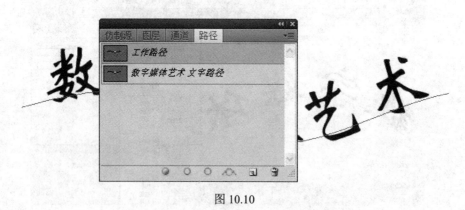

图 10.10

本 章 小 结

本章主要介绍了 Photoshop CC 中文字与段落工具的使用，利用这些工具用户可以在图像编辑的过程中添加更多的文字效果，其中，变形文字与路径文字是重点与难点。

第11章 滤镜的应用

11.1 滤镜的基本知识

使用滤镜可以为图像应用一些特殊效果，Photoshop CC 为用户提供了大量的自带滤镜，并且支持第三方滤镜的安装使用。滤镜通常与通道、图层等联合使用，以取得最佳的艺术效果。

滤镜操作虽然十分简单，但却很难用得恰当。如何恰当地运用滤镜，除了要熟悉滤镜的各种操作和属性之外，更重要的是个人的审美能力和想象的体现。

11.1.1 Photoshop CC 自带滤镜介绍

打开滤镜菜单，可以看到 Photoshop CC 自带的全部滤镜，如图 11.1 所示。Photoshop CC 提供了 100 多种滤镜，按照功能不同分属于不同的滤镜组。

转换为智能滤镜(S)

滤镜库(G)...
自适应广角(A)...　　　　　　Alt+Shift+Ctrl+A
Camera Raw 滤镜(C)...　　　　Shift+Ctrl+A
镜头校正(R)...　　　　　　　Shift+Ctrl+R
液化(L)...　　　　　　　　　Shift+Ctrl+X
油画(O)...
消失点(V)...　　　　　　　　Alt+Ctrl+V

风格化
模糊
扭曲
锐化
视频
像素化
渲染
杂色
其它

Imagenomic

浏览联机滤镜...

图 11.1

11.1.2 滤镜的使用

执行"菜单/滤镜"命令，在显示的菜单中选择相应滤镜，即可将滤镜效果应用到图像中。

要注意的是，滤镜只能应用于现用的可见图层或选区。滤镜不能应用于位图模式或索引颜色的图像，有些滤镜只对 RGB 图像起作用。因此，要对某些格式的图像应用一些特殊的滤镜时，可以先将其转换为 RGB 格式。

图 11.2 为原始图像，图 11.3 为应用"扩散亮光"滤镜后的图像。

图 11.2 　　　　　　　　　　　　　　　　图 11.3

11.2　独立滤镜的应用

在 Photoshop CC 中提供了 7 种特殊的滤镜，分别为："滤镜库"、"自适应广角"、"Camera Raw 滤镜"、"镜头矫正"、"液化"、"油画"与"消失点"。特殊滤镜在图像编辑中被广泛地运用，本节将详细介绍这些滤镜的作用。

11.2.1　滤镜库的应用

执行"滤镜/滤镜库"命令，可以打开 Photoshop CC 的"滤镜库"对话框，如图 11.4 所示。在"滤镜库"对话框中集成了多个常用的滤镜，但并不是菜单中所有的滤镜都被包括在"滤镜库"中。利用"滤镜库"对话框可以快速地使用或者叠加重复使用多个滤镜效果，并且可以在左侧的预览窗口中直观地看到添加滤镜后的效果。

图 11.4

（1）左侧预览窗口：对话框最左侧为预览窗口，用户可以直观地看到滤镜被添加以后的画面效果。可以使用快捷键"Ctrl＋＋"和"Ctrl＋-"对图像进行缩放。

（2）中间滤镜选项窗口：用户可以在对话框中间的窗口中选择需要使用的滤镜，该窗口中保存了多个常用的滤镜。

（3）右侧属性窗口：选择了滤镜后，该滤镜的详细参数设置会显示在对话框最右下角的窗口中，用户可以根据实际需求进行设置。

11.2.1.1 照亮边缘

在"滤镜库"对话框中选择"风格化/照亮边缘"命令，可以对图像添加"照亮边缘"滤镜效果。打开图 11.5，在"滤镜库"对话框的右侧窗口中可以设置该滤镜的相关参数以控制最终的画面效果。最终效果如图 11.6 所示。该滤镜可以突出图像的边缘，增加类似霓虹灯的效果。

图 11.5   图 11.6

11.2.1.2 画笔描边滤镜组

滤镜库中的"画笔描边"滤镜组共提供了 8 种滤镜效果，分别为："成角的线条"、"水墨轮廓"、"喷溅"、"喷色描边"、"强化的边缘"、"深色线条"、"烟灰墨"、"阴影线"。下面将依次介绍各滤镜的使用效果。

1. 成角的线条

在"滤镜库"对话框中选择"画笔描边/成角的线条"命令，可以对图像添加"成角的线条"滤镜效果。打开图 11.7，在"滤镜库"对话框的右侧窗口中可以设置该滤镜的相关参数以控制最终的画面效果，最终效果如图 11.8 所示。

图 11.7   图 11.8

2. 水墨轮廓

在"滤镜库"对话框中选择"画笔描边/水墨轮廓"命令，可以对图像添加"水墨轮廓条"滤镜效果。打开图 11.9,在"滤镜库"对话框的右侧窗口中可以设置该滤镜的相关参数以控制最终的画面效果,最终效果如图 11.10 所示。

图 11.9   图 11.10

3. 喷溅

在"滤镜库"对话框中选择"画笔描边/喷溅"命令,可以对图像添加"喷溅"滤镜效果。打开图 11.11,在"滤镜库"对话框的右侧窗口中可以设置该滤镜的相关参数以控制最终的画面效果,最终效果如图 11.12 所示。

图 11.11   图 11.12

4. 喷色描边

在"滤镜库"对话框中选择"画笔描边/喷色描边"命令,可以对图像添加"喷色描边"滤镜效果。打开图 11.13,在"滤镜库"对话框的右侧窗口中可以设置该滤镜的相关参数以控制最终的画面效果,最终效果如图 11.14 所示。

图 11.13   图 11.14

5. 强化的边缘

在"滤镜库"对话框中选择"画笔描边/强化的边缘"命令，可以对图像添加"强化的边缘"滤镜效果。打开图 11.15，在"滤镜库"对话框的右侧窗口中可以设置该滤镜的相关参数以控制最终的画面效果，最终效果如图 11.16 所示。

图 11.15   图 11.16

6. 深色线条

在"滤镜库"对话框中选择"画笔描边/深色线条"命令，可以对图像添加"深色线条"滤镜效果。打开图 11.17，在"滤镜库"对话框的右侧窗口中可以设置该滤镜的相关参数以控制最终的画面效果，最终效果如图 11.18 所示。

图 11.17   图 11.18

7. 烟灰墨

在"滤镜库"对话框中选择"画笔描边/烟灰墨"命令，可以对图像添加"烟灰墨"滤镜效果。打开图 11.19，在"滤镜库"对话框的右侧窗口中可以设置该滤镜的相关参数以控制最终的画面效果，最终效果如图 11.20 所示。

图 11.19   图 11.20

8. 阴影线

在"滤镜库"对话框中选择"画笔描边/阴影线"命令，可以对图像添加"阴影线"滤镜效果。打开图 11.21，在"滤镜库"对话框的右侧窗口中可以设置该滤镜的相关参数以控制最终的画面效果，最终效果如图 11.22 所示。

图 11.21   图 11.22

11.2.1.3　扭曲滤镜组

滤镜库中的"扭曲"滤镜组共提供了 3 种滤镜效果，分别为："玻璃"、"海洋波纹"、"扩散亮光"。下面将依次介绍各个滤镜的使用效果。

1. 玻璃

在"滤镜库"对话框中选择"扭曲/玻璃"命令，可以对图像添加"玻璃"滤镜效果。打开图 11.23，在"滤镜库"对话框的右侧窗口中可以设置该滤镜的相关参数以控制最终的画面效果，最终效果如图 11.24 所示。

图 11.23   图 11.24

2. 海洋波纹

在"滤镜库"对话框中选择"扭曲/海洋波纹"命令，可以对图像添加"海洋波纹"滤镜效果。打开图 11.25，在"滤镜库"对话框的右侧窗口中可以设置该滤镜的相关参数以控制最终的画面效果，最终效果如图 11.26 所示。

3. 扩散亮光

在"滤镜库"对话框中选择"扭曲/扩散亮光"命令，可以对图像添加"扩散亮光"滤镜效果。打开图 11.27，在"滤镜库"对话框的右侧窗口中可以设置该滤镜的相关参数以控制最终的画面效果，最终效果如图 11.28 所示。

图 11.25

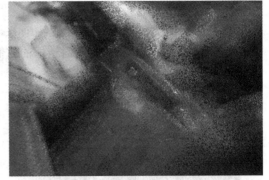

图 11.26

图 11.27

图 11.28

11.2.1.4 素描滤镜组

滤镜库中的"扭曲"滤镜组共提供了 14 种滤镜效果，分别为："半调图案"、"便条纸"、"粉笔和炭笔"、"铬黄渐变"、"绘图笔"、"基底凸显"、"石膏效果"、"水彩画纸"、"撕边"、"炭笔"、"炭精笔"、"图章"、"网状"、"影印"。下面将依次介绍各个滤镜的使用效果。

1. 半调图案

在"滤镜库"对话框中选择"素描/半调图案"命令，可以对图像添加"半调图案"滤镜效果。打开图 11.29，在"滤镜库"对话框的右侧窗口中可以设置该滤镜的相关参数以控制最终的画面效果，最终效果如图 11.30 所示。

图 11.29

图 11.30

2. 便条纸

在"滤镜库"对话框中选择"素描/便条纸"命令，可以对图像添加"便条纸"滤镜效果。打开图 11.31，在"滤镜库"对话框的右侧窗口中可以设置该滤镜的相关参数以控制最终的画面效果，最终效果如图 11.32 所示。

图 11.31   图 11.32

3. 粉笔和炭笔

在"滤镜库"对话框中选择"素描/粉笔和炭笔"命令，可以对图像添加"粉笔和炭笔"滤镜效果。打开图 11.33，在"滤镜库"对话框的右侧窗口中可以设置该滤镜的相关参数以控制最终的画面效果，最终效果如图 11.34 所示。

图 11.33   图 11.34

4. 铬黄渐变

在"滤镜库"对话框中选择"素描/铬黄渐变"命令，可以对图像添加"铬黄渐变"滤镜效果。打开图 11.35，在"滤镜库"对话框的右侧窗口中可以设置该滤镜的相关参数以控制最终的画面效果，最终效果如图 11.36 所示。

图 11.35   图 11.36

5．绘图笔

在"滤镜库"对话框中选择"素描/绘图笔"命令，可以对图像添加"绘图笔"滤镜效果。打开图 11.37，在"滤镜库"对话框的右侧窗口中可以设置该滤镜的相关参数以控制最终的画面效果，最终效果如图 11.38 所示。

图 11.37　　　　　　　　　　　　　　　图 11.38

6．基底凸现

在"滤镜库"对话框中选择"素描/基底凸现"命令，可以对图像添加"基底凸现"滤镜效果。打开图 11.39，在"滤镜库"对话框的右侧窗口中可以设置该滤镜的相关参数以控制最终的画面效果，最终效果如图 11.40 所示。

图 11.39　　　　　　　　　　　　　　　图 11.40

7．石膏效果

在"滤镜库"对话框中选择"素描/石膏效果"命令，可以对图像添加"石膏效果"滤镜效果。打开图 11.41，在"滤镜库"对话框的右侧窗口中可以设置该滤镜的相关参数以控制最终的画面效果，最终效果如图 11.42 所示。

图 11.41　　　　　　　　　　　　　　　图 11.42

8. 水彩画纸

在"滤镜库"对话框中选择"素描/水彩画纸"命令，可以对图像添加"水彩画纸"滤镜效果。打开图 11.43，在"滤镜库"对话框的右侧窗口中可以设置该滤镜的相关参数以控制最终的画面效果，最终效果如图 11.44 所示。

图 11.43 　　　　　　　　　　　　　图 11.44

9. 撕边

在"滤镜库"对话框中选择"素描/撕边"命令，可以对图像添加"撕边"滤镜效果。打开图 11.45，在"滤镜库"对话框的右侧窗口中可以设置该滤镜的相关参数以控制最终的画面效果，最终效果如图 11.46 所示。

图 11.45 　　　　　　　　　　　　　图 11.46

10. 炭笔

在"滤镜库"对话框中选择"素描/炭笔"命令，可以对图像添加"炭笔"滤镜效果。打开图 11.47，在"滤镜库"对话框的右侧窗口中可以设置该滤镜的相关参数以控制最终的画面效果，最终效果如图 11.48 所示。

图 11.47 　　　　　　　　　　　　　图 11.48

11. 炭精笔

在"滤镜库"对话框中选择"素描/炭精笔"命令，可以对图像添加"炭精笔"滤镜效果。打开图 11.49，在"滤镜库"对话框的右侧窗口中可以设置该滤镜的相关参数以控制最终的画面效果，最终效果如图 11.50 所示。

图 11.49　　　　　　　　　　　　　图 11.50

12. 图章

在"滤镜库"对话框中选择"素描/图章"命令，可以对图像添加"图章"滤镜效果。打开图 11.51，在"滤镜库"对话框的右侧窗口中可以设置该滤镜的相关参数以控制最终的画面效果，最终效果如图 11.52 所示。

图 11.51　　　　　　　　　　　　　图 11.52

13. 网状

在"滤镜库"对话框中选择"素描/网状"命令，可以对图像添加"网状"滤镜效果。打开图 11.53，在"滤镜库"对话框的右侧窗口中可以设置该滤镜的相关参数以控制最终的画面效果，最终效果如图 11.54 所示。

图 11.53　　　　　　　　　　　　　图 11.54

14. 影印

在"滤镜库"对话框中选择"素描/影印"命令，可以对图像添加"影印"滤镜效果。打开图 11.55，在"滤镜库"对话框的右侧窗口中可以设置该滤镜的相关参数以控制最终的画面效果，最终效果如图 11.56 所示。

图 11.55　　　　　　　　　　　　　　　　图 11.56

11.2.1.5　纹理滤镜组

滤镜库中的"纹理"滤镜组共提供了 6 种滤镜效果，分别为"龟裂纹"、"颗粒"、"马赛克拼贴"、"拼缀图"、"染色玻璃"、"纹理化"。下面将依次介绍各个滤镜的使用效果。

1. 龟裂纹

在"滤镜库"对话框中选择"纹理/龟裂纹"命令，可以对图像添加"龟裂纹"滤镜效果。打开图 11.57，在"滤镜库"对话框的右侧窗口中可以设置该滤镜的相关参数以控制最终的画面效果，最终效果如图 11.58 所示。

图 11.57　　　　　　　　　　　　　　　　图 11.58

2. 颗粒

在"滤镜库"对话框中选择"纹理/颗粒"命令，可以对图像添加"颗粒"滤镜效果。打开图 11.59，在"滤镜库"对话框的右侧窗口中可以设置该滤镜的相关参数以控制最终的画面效果，最终效果如图 11.60 所示。

图 11.59

图 11.60

3. 马赛克拼贴

在"滤镜库"对话框中选择"纹理/马赛克平拼贴"命令，可以对图像添加"马赛克拼贴"滤镜效果。打开图 11.61，在"滤镜库"对话框的右侧窗口中可以设置该滤镜的相关参数以控制最终的画面效果，最终效果如图 11.62 所示。

图 11.61

图 11.62

4. 拼缀图

在"滤镜库"对话框中选择"纹理/拼缀图"命令，可以对图像添加"拼缀图"滤镜效果。打开图 11.63，在"滤镜库"对话框的右侧窗口中可以设置该滤镜的相关参数以控制最终的画面效果，最终效果如图 11.64 所示。

图 11.63

图 11.64

5. 染色玻璃

在"滤镜库"对话框中选择"纹理/染色玻璃"命令，可以对图像添加"染色玻璃"滤镜效果。打开图 11.65，在"滤镜库"对话框的右侧窗口中可以设置该滤镜的相关参数以控制最终的画面效果，最终效果如图 11.66 所示。

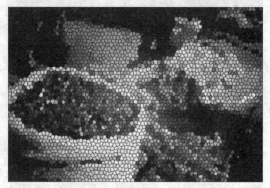

图 11.65　　　　　　　　　　　　　　　　　图 11.66

6. 纹理化

在"滤镜库"对话框中选择"纹理/纹理化"命令，可以对图像添加"纹理化"滤镜效果。打开图 11.67，在"滤镜库"对话框的右侧窗口中可以设置该滤镜的相关参数以控制最终的画面效果，最终效果如图 11.68 所示。

图 11.67　　　　　　　　　　　　　　　　　图 11.68

11.2.1.6　艺术效果滤镜组

滤镜库中的"艺术效果"滤镜组共提供了 15 种滤镜效果，分别为"壁画"、"彩色铅笔"、"干燥蜡笔"、"底纹效果"、"干笔画"、"海报边缘"、"海绵"、"绘画涂抹"、"胶片颗粒"、"木刻"、"霓虹灯光"、"水彩"、"塑料包装"、"调色刀"、"涂抹棒"。下面将依次介绍各个滤镜的使用效果。

1. 壁画

在"滤镜库"对话框中选择"艺术效果/壁画"命令，可以对图像添加"壁画"滤镜效果。打开图 11.69，在"滤镜库"对话框的右侧窗口中可以设置该滤镜的相关参数以控制最终的画面效果，最终效果如图 11.70 所示。

图 11.69　　　　　　　　　　　　　　　图 11.70

2．彩色铅笔

　　在"滤镜库"对话框中选择"艺术效果/彩色铅笔"命令，可以对图像添加"彩色铅笔"滤镜效果。打开图 11.71，在"滤镜库"对话框的右侧窗口中可以设置该滤镜的相关参数以控制最终的画面效果，最终效果如图 11.72 所示。

图 11.71　　　　　　　　　　　　　　　图 11.72

3．干燥蜡笔

　　在"滤镜库"对话框中选择"艺术效果/干燥蜡笔"命令，可以对图像添加"干燥蜡笔"滤镜效果。打开图 11.73，在"滤镜库"对话框的右侧窗口中可以设置该滤镜的相关参数以控制最终的画面效果，最终效果如图 11.74 所示。

图 11.73　　　　　　　　　　　　　　　图 11.74

4. 底纹效果

在"滤镜库"对话框中选择"艺术效果/底纹效果"命令，可以对图像添加"底纹效果"滤镜效果。打开图 11.75，在"滤镜库"对话框的右侧窗口中可以设置该滤镜的相关参数以控制最终的画面效果，最终效果如图 11.76 所示。

图 11.75   图 11.76

5. 干笔画

在"滤镜库"对话框中选择"艺术效果/干笔画"命令，可以对图像添加"干笔画"滤镜效果。打开图 11.77，在"滤镜库"对话框的右侧窗口中可以设置该滤镜的相关参数以控制最终的画面效果，最终效果如图 11.78 所示。

图 11.77   图 11.78

6. 海报边缘

在"滤镜库"对话框中选择"艺术效果/海报边缘"命令，可以对图像添加"海报边缘"滤镜效果。打开图 11.79，在"滤镜库"对话框右侧窗口中可以设置该滤镜的相关参数以控制最终的画面效果，最终效果如图 11.80 所示。

图 11.79   图 11.80

7. 海绵

在"滤镜库"对话框中选择"艺术效果/海绵"命令，可以对图像添加"海绵"滤镜效果。打开图 11.81，在"滤镜库"对话框的右侧窗口中可以设置该滤镜的相关参数以控制最终的画面效果，最终效果如图 11.82 所示。

图 11.81

图 11.82

8. 绘画涂抹

在"滤镜库"对话框中选择"艺术效果/绘画涂抹"命令，可以对图像添加"绘画涂抹"滤镜效果。打开图 11.83，在"滤镜库"对话框的右侧窗口中可以设置该滤镜的相关参数以控制最终的画面效果，最终效果如图 11.84 所示。

图 11.83

图 11.84

9. 胶片颗粒

在"滤镜库"对话框中选择"艺术效果/胶片颗粒"命令，可以对图像添加"胶片颗粒"滤镜效果。打开图 11.85，在"滤镜库"对话框的右侧窗口中可以设置该滤镜的相关参数以控制最终的画面效果，最终效果如图 11.86 所示。

图 11.85

图 11.86

10. 木刻

在"滤镜库"对话框中选择"艺术效果/木刻"命令，可以对图像添加"木刻"滤镜效果。打开图 11.87，在"滤镜库"对话框的右侧窗口中可以设置该滤镜的相关参数以控制最终的画面效果，最终效果如图 11.88 所示。

图 11.87

图 11.88

11. 霓虹灯光

在"滤镜库"对话框中选择"艺术效果/霓虹灯光"命令，可以对图像添加"霓虹灯光"滤镜效果。打开图 11.89，在"滤镜库"对话框的右侧窗口中可以设置该滤镜的相关参数以控制最终的画面效果，最终效果如图 11.90 所示。

图 11.89

图 11.90

12. 水彩

在"滤镜库"对话框中选择"艺术效果/水彩"命令，可以对图像添加"水彩"滤镜效果。打开图 11.91，在"滤镜库"对话框的右侧窗口中可以设置该滤镜的相关参数以控制最终的画面效果，最终效果如图 11.92 所示。

图 11.91

图 11.92

13. 塑料包装

在"滤镜库"对话框中选择"艺术效果/塑料包装"命令，可以对图像添加"塑料包装"滤镜效果。打开图 11.93，在"滤镜库"对话框的右侧窗口中可以设置该滤镜的相关参数以控制最终的画面效果，最终效果如图 11.94 所示。

图 11.93　　　　　　　　　　　　　　　图 11.94

14. 调色刀

在"滤镜库"对话框中选择"艺术效果/调色刀"命令，可以对图像添加"调色刀"滤镜效果。打开图 11.95，在"滤镜库"对话框的右侧窗口中可以设置该滤镜的相关参数以控制最终的画面效果，最终效果如图 11.96 所示。

图 11.95　　　　　　　　　　　　　　　图 11.96

15. 涂抹棒

在"滤镜库"对话框中选择"艺术效果/涂抹棒"命令，可以对图像添加"涂抹棒"滤镜效果。打开图 11.97，在"滤镜库"对话框的右侧窗口中可以设置该滤镜的相关参数以控制最终的画面效果，最终效果如图 11.98 所示。

图 11.97　　　　　　　　　　　　　　　图 11.98

11.2.2　自适应广角

执行"滤镜/自适应广角"命令，可以打开"自适应广角"对话框，如图 11.99 所示。可以通过对话框中的参数模拟图像的广角镜头、鱼眼镜头等拍摄效果。

图 11.99

（1）约束工具 ：激活该图标后，单击图像或拖拽端点可以对图像进行约束，模拟水平或垂直的广角镜头效果。

（2）多边形约束工具 ：激活图标后，可以利用多个端点形成的多边形对图像进行约束。

（3）校正：下拉菜单中提供了 4 种不同的广角镜头校正方式。

11.2.3　Camera Raw　滤镜

执行"滤镜/Camera Raw 滤镜"命令，可以打开"Camera Raw 滤镜"对话框，如图 11.100 所示。通过对话框中参数的设置可以调整画面的色调、饱和度等属性，使画面的镜头效果更强烈。单击对话框中横排的按钮 ，可以在"基本"、"曲线"、"细节"等 9 个对话框中进行切换。

图 11.100

11.2.4 镜头校正

执行"滤镜/镜头校正"命令，可以打开"镜头校正"对话框，如图 11.101 所示。镜头校正命令主要针对图像形状与色调的调整，常用于对拍摄照片的修整。

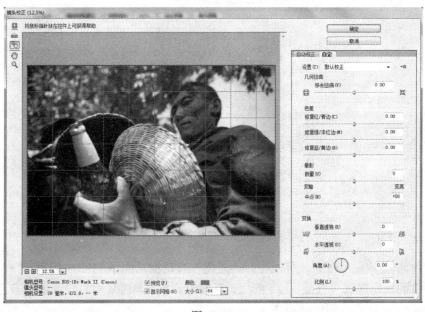

图 11.101

（1）移去扭曲工具 ：向中心拖拽或拖离中心以矫正扭曲。

（2）拉直工具 ：绘制一条直线，将图像移动到新的一条横轴或纵轴。

（3）移动网格工具 ：拖动以移动对齐网格。

（4）设置：移动滑块可以修复图像的失真。

（5）色差：修复图像边缘细节处的颜色。

（6）晕影：矫正图像边缘的晕影。

（7）变换：矫正图像的透视效果。

打开图 11.102，对该图像的透视垂直透视效果进行调整，以增加其透视效果，调整后的最终效果如图 11.103 所示。相关参数设置如图 11.104 所示。

图 11.102   图 11.103

图 11.104

11.2.5　液化

执行"滤镜/液化"命令，可以打开"液化"对话框，如图 11.105 所示。"液化"滤镜可以对图像的指定区域进行推、拉、膨胀、反射等调整，同时还可以设计出很多艺术效果，是 Photoshop CC 中最常用的滤镜之一。

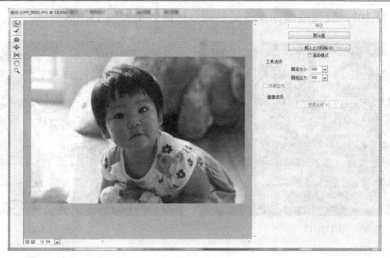

图 11.105

（1）向前变形工具 ：激活该按钮后，在预览图中拖拽可以将图像的像素向前推动。

（2）重建工具 ：将更改过的图像进行不同程度上的修复。

（3）褶皱工具 ：激活该按钮后，在预览图中拖拽可以将图像的像素朝着画笔的拖拽路径方向运动。

（4）膨胀工具 ：激活该按钮后，在预览图中拖拽可以将图像的像素朝着画笔的中心区域移动。

（5）左推工具 ：激活该按钮后，在预览图中拖拽可以将图像的像素沿着画笔运动的方向推动。

（6）工具选项：可以通过数值设定画笔的大小与压力。

11.2.6　油画

执行"滤镜/油画"命令，可以打开"油画"对话框，如图 11.106 所示。"油画"滤镜可以将图像模拟出油画笔触特有的机理效果。

图 11.106

打开图 11.107，设置油画滤镜相关参数，最终效果如图 11.108 所示。

图 11.107 图 11.108

11.2.7 消失点

执行"滤镜/消失点"命令，可以打开"消失点"对话框，如图 11.109 所示。利用"消失点"滤镜可以对图像中的瑕疵进行修复，同时可以编辑图像的透视平面。

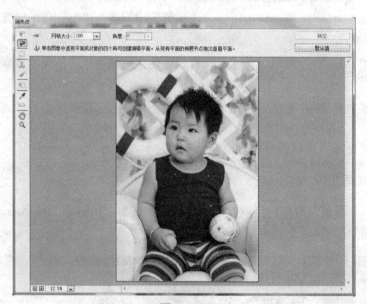

图 11.109

（1）编辑平面工具：该按钮可以对透视网格进行选择、移动、缩放等编辑。

（2）创建平面工具：激活该按钮后可以通过创建 4 个节点获得透视网格。

（3）选框工具：在图像中创建矩形的选区，按住 Alt 键可以创建一个选区副本。

（4）图章工具：与之前介绍的工具箱中的"仿制图章工具"作用相同。

（5）画笔工具：选择需要的颜色在图像上绘制。

（6）变换工具：对图像的选区进行缩放、移动、旋转等编辑。

（7）吸管工具：在预览画面中吸取所需的颜色。

11.3　通用滤镜组的应用

Photoshop CC 还为用户提供了 9 组普通滤镜，分别是："风格化"、"模糊"、"扭曲"、"锐化"、"视频"、"像素化"、"渲染"、"杂色"、"其他"。这些滤镜的使用方法简便，与之前介绍的"滤镜库"中的滤镜工具类似。因此这里只选择部分比较有代表性的滤镜进行介绍，其余滤镜用户可以自己测试效果。

11.3.1　浮雕效果滤镜

执行"滤镜/风格化/浮雕效果"命令，可以为图像添加"浮雕效果"滤镜。该滤镜通过将选图或图像填充灰色，并强调描画边缘，使选区或图像显得凸起或压低，从而创造出一种浮雕效果。

打开图 11.110，为其添加"浮雕效果"，最终效果如图 11.111 所示，参数设置如图 11.112 所示。

图 11.110

图 11.111

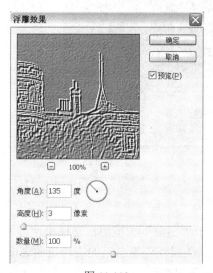

图 11.112

11.3.2 "高斯模糊"滤镜

"模糊"滤镜组用以柔化选区或整个图像,这对于修饰图片来说是十分常用的。该滤镜组通过平衡图像中已定义的线条和遮蔽区域的清晰边缘旁边的像素,可以将变化显得柔和。这里主要介绍"高斯模糊"滤镜。

执行"滤镜/模糊/高斯模糊"命令,打开"高斯模糊"对话框。"高斯模糊"滤镜使用可调整的量快速模糊选区,它可以产生一种朦胧效果。打开图 11.113,为其添加"浮雕效果",最终效果如图 11.114 所示,参数设置如图 11.115 所示。

图 11.113

图 11.114

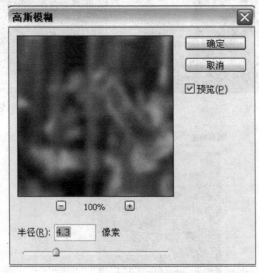

图 11.115

11.3.3 旋转扭曲滤镜

"旋转扭曲"滤镜分属于"扭曲"滤镜组,它模拟透过不同类型的玻璃来观看图像的效果。用户可以选取旋转扭曲效果或创建自己的旋转扭曲表面并加以应用。打开图 11.116,为其添加"浮雕效果",最终效果如图 11.117 所示,参数设置如图 11.118 所示。

图 11.116

图 11.117

图 11.118

11.3.4 USM 锐化滤镜

"USM 锐化"属于"锐化"滤镜组。该滤镜广泛应用于专业色彩校正中,它可以调整边缘细节的对比度,并在边缘的每侧生成一条亮线和一条暗线,造成图像更加锐化的错觉。与"锐化边缘"滤镜相比,该滤镜可以调整边缘细节的对比度。

打开图 11.119,执行"滤镜/锐化/USM 锐化"命令,可以打开 USM 锐化面板,如图 11.120 所示。最终效果如图 11.121 所示。

图 11.119

图 11.120

图 11.121

（1）数量：用来设置锐化效果的强度。

（2）半径：用来设置锐化的范围。

（3）阈值：当相邻像素间的差值达到该值的范围后才能被锐化。因此值越高，被锐化的图像就越少。

11.3.5　晶格化滤镜

"晶格化"滤镜属于"像素化"滤镜组，主要应用于对图像像素效果的处理。执行"滤镜/像素化/晶格化"命令，可以打开"晶格化"面板，通过参数的设置调整图像效果。打开图 11.122，为其添加"晶格化"滤镜，最终效果如图 11.123 所示。

图 11.122　　　　　　　　　　　　　　　　　　图 11.123

11.3.6　光照效果滤镜

"光照效果"属于"渲染"滤镜组。使用"光照效果"滤镜可以在 RGB 图像上产生无数种光照效果，也可以使用灰度文件的纹理产生类似 3D 的效果，并存储样式在其他图像中使用。要注意的是，"光照效果"滤镜只对 RGB 图像有效。

打开图 11.124，执行"滤镜/渲染/光照效果"命令，为其添加"光照效果"，最终效果如图 11.125 所示，参数设置如图 11.126 所示。

图 11.124

图 11.125

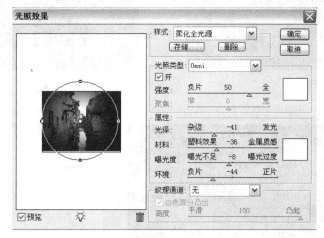

图 11.126

除了样式中系统预置的效果外，通过调节相应参数也可以实现多种光照效果。

1. 光照类型

（1）全光源：使光在图像的正上方向各个方向照射，就像一张纸上方的灯泡一样。

（2）平行光：从远处照射光，这样光照角度不会发生变化，就像太阳光一样。

（3）点光：投射一束椭圆形的光柱。预览窗口中的线条定义光照方向和角度，而手柄定义椭圆边缘。

2. 光照属性相对应的滑块

（1）光泽：确定表面反射光的多少，范围从"杂边"（低反射率）到"发光"（高反射率）。

（2）材料：确定光照或光照投射到的对象哪个反射率更高。"塑料"反射光照的颜色；"金属"反射对象的颜色。

（3）曝光度：增加光照（正值）或减少光照（负值）。零值则没有效果。

（4）环境：漫射光，使该光照如同与室内的其他光照（如日光或荧光）相结合一样。选取数值 100 表示只使用此光源，或者选取数值-100 表示移去此光源。要更改环境光的颜色，可单击颜色框，在拾色器中进行选择。

11.3.7 "减少杂色"滤镜

"减少杂色"滤镜属于"杂色"滤镜组。该滤镜在基于影响整个图像或各个通道的用户设置保留边缘的同时减少杂色。打开图 11.127，执行"滤镜/渲染/减少杂色"命令，为其添加"减少杂色"滤镜，最终效果如图 11.128 所示，参数设置如图 11.129 所示。

图 11.127

图 11.128

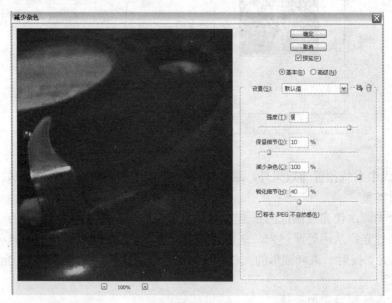
图 11.129

（1）强度：控制应用于所有图像通道的明亮度杂色减少量。

（2）保留细节：保留边缘和图像细节（如头发或纹理对象）。如果值为 100，则会保留大多数图像细节，但会将明亮度杂色减到最少。平衡设置"强度"和"保留细节"控件的值，对杂色减少操作进行微调。

（3）减少杂色：移去随机的颜色像素。值越大，减少的颜色杂色越多。

（4）锐化细节：对图像进行锐化。

（5）移去 JPEG 不自然感：移去由于使用低 JPEG 品质设置存储图像而导致的斑驳的图像伪像和光晕。

11.3.8 "高反差保留"

"高反差保留"滤镜属于"其他"滤镜组。该滤镜的主要功能是对图像色调进行反差对比运算,将差值进行保留。打开图 11.130,执行"滤镜/其他/高反差保留"命令,为其添加"高反差保留"滤镜,最终效果如图 11.131 所示。

图 11.130

图 11.131

案例教学:制作特效文字

(1)新建空白文件。新建图层,新建 Alpha 通道,选择文字工具,输入文字。对生成的选区应用渐变,并添加图层混合选项,投影、内阴影、外发光、描边,用户可自由设定参数。应用滤镜"马赛克拼贴",调整属性,效果如图 11.132 所示。

(2)复制该图层,应用滤镜动态模糊,如图 11.133 所示。

图 11.132

图 11.133

（3）把新图层拖到原有图层下方，选中原有图层，改变混合模式为柔光，降低不透明度和填充，如图 11.134 所示。

（4）在背景图层之上新建一个图层，应用由黑至白的渐变，多次使用水彩滤镜，形成条纹，如图 11.135 所示。

图 11.134

图 11.135

（5）在"条纹"图层上再新建一个图层，选择画笔工具，调整画笔属性。在文字位置点缀图案。最终效果如图 11.136 所示。

图 11.136

课堂练习：书籍封面设计

书籍装帧要反映书籍的内容和涵义，设计要注意内容和形式的统一。

本 章 小 结

本章主要介绍了 Photoshop CC 自带滤镜的相关知识，灵活地使用滤镜可以制作出许多有趣的图像效果。除了软件自带滤镜之外，Photoshop CC 还支持大量第三方滤镜，常用的包括 KPT、Xenofex、Eye Candy 等。用户可以自行了解相关知识。

第12章 Web图形、动画与3D

本章内容除了Web图像的优化功能外，主要是对3D场景和视频文件的兼容，这些内容为效果图的制作和视频多媒体的编辑提供了更多的方便，因此本章对于平面设计相关专业的学生只作为一般了解，而对于室内设计、环境设计、工业设计、动画及数字媒体艺术等专业的学生，可以尝试多做一些实验。

12.1 Web颜色和切片操作

Photoshop CC提供的Web工具可以帮助用户设计或优化基于Web的图形或整个网页。

12.1.1 Web安全色

Web安全色，即网页安全色，是指能在不同操作平台和浏览器中能同时安全显示的216种颜色。由于操作系统间的颜色存在一些细微的差别，而不同的浏览器对颜色的编码显示也有所不同，所以在网页设计中的用色要根据对象的不同而设定。

选择拾色器左下角的"只有Web颜色"选项，如图12.1所示。选中此选项后，所拾取的任何颜色都是Web安全色。在未选择"只有Web颜色"选项框的情况下，如果选择非Web颜色，在Adobe拾色器颜色框的旁边会显示一个警告立方体。单击该立方体可以自动选择最接近的Web颜色。

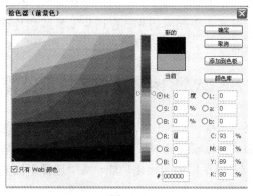

图12.1

12.1.2 切片的创建和编辑

在工具箱中激活"切片工具" ，或按快捷键C，如图11.2所示。在画布上拖动即可创建切片，用户也可创建基于图层的切片来创建切片。使用切片工具创建的切片称为用户切片；通过图层创建的切片称为基于图层的切片。每次添加或编辑用户切片或基于图层的切片时，都会重新生成自动切片。用户可以将自动切片转换为用户切片。

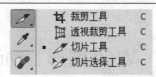

图 12.2

在制作网页时，通常需要对页面进行分割，这就是制作切片。通过切片分割优化图片，可以减少数据量，加快网页载入的速度，如图 12.3 所示。

图 12.3

创建切片后，可以使用"切片选择工具" ![icon] 选择该切片，然后对它进行移动和调整大小，或将它与其他切片对齐。要删除切片，在切片工具或切片选择工具选中的情况下，按 Backspace 键或 Delete 键即可；也可选择"视图/清除切片"命令。

12.2 Web 图像优化及输出设置

创建切片之后，需要对图像进行优化以适应网络发布，通常需要综合考虑图像显示品质和图像文件大小两个因素，以求得相对较快的载入速度和画面质量。这时可以使用"存储为 Web 和设备所用格式"对话框中的优化功能，从中选择不同文件格式和不同文件属性的优化图像。

选择"文件/存储为 Web 和设备所用格式"命令，可打开"存储为 Web 和设备所用格式"对话框，如图 12.4 所示。用户可以同时查看图像的多个版本并修改优化设置。根据文件格式的不同，可以指定图像品质、背景透明度或杂边、颜色显示和下载方法。

关于适用于网络的文件格式及其特性可参考本书第 1 章的相关介绍。

（1）预设：在下拉菜单中可以将文件进行压缩。

（2）可选择：可以在下拉菜单中选择当前图像的输出效果。

（3）扩散：设定软件仿色的计算方法。

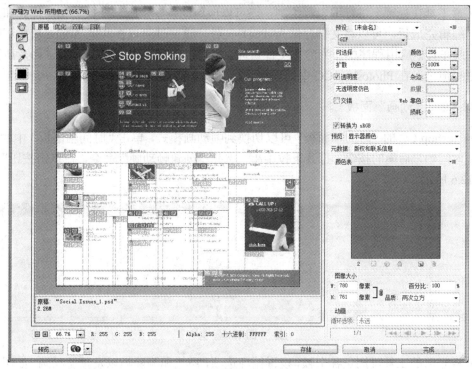

图 12.4

（4）仿色：当设定了仿色的计算方法后，该选项被激活，通过数值控制图像的效果。

（5）交错：勾选后用户在打开网页时页面会有一个从模糊到清晰的过程。

（6）Web 靠色：通过数值的设定，对颜色容差级别进行调整。

（7）颜色表：通过颜色表可以对图像的颜色进行删减，或者存储颜色。

12.3　视频图层和"动画"面板

12.3.1　创建视频图层

在 Photoshop CC 中，可以直接打开视频文件或者向打开的文档添加视频。用户可以执行"窗口/时间轴"命令，打开 Photoshop CC 的"时间轴"面板，如图 12.5 所示。

图 12.5

要直接打开视频文件，选择"文件/打开"命令，要将视频导入到打开的文档中，可以执行"图层/视频图层/从文件新建视频图层"命令。打开视频素材后，单击"时间轴"面板中的"创建视频时间轴"按钮，即可对素材进行编辑。

任意工具在视频上进行编辑和绘制，还可以应用滤镜、蒙版、变换、图层样式和混合模式。编辑完成后，可以将文档存储为 PSD 文件，该文件可以在其他 Adobe 应用程序中播放，或在其他应用程序中作为静态文件访问，也可以将文档作为 QuickTime 影片或图像序列进行渲染。在 Photoshop CC 中处理视频，必须安装 QuickTime 7.1 或更高版本。

12.3.2 "动画"面板

Photoshop CC 的"时间轴面板"可以切换到帧动画模式，单击"时间轴面板"中的"创建视频时间轴"后面的按钮，打开下拉菜单，选择"创建帧动画"命令，在点击按钮即可，如图 12.6 所示。

图 12.6

面板底部的工具可浏览各个帧，设置循环选项，添加和删除帧以及预览动画，如图 12.7 所示。

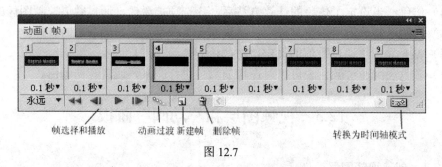

图 12.7

（1）循环选项设置：动画在作为动画 GIF 文件导出时的播放次数。默认为"永远"，用户可以自行设定。

（2）帧延迟时间：设置帧在回放过程中的持续时间。

（3）过渡动画帧：在两个现有帧之间添加一系列帧，通过插值方法（改变）使新帧之间的图层属性均匀。

（4）转换为时间轴动画：用于将图层属性表示为动画的关键帧将帧动画转换为时间轴动画。

12.3.3 制作简单 GIF 动画

熟悉了"动画"面板之后，可以一个案例介绍在帧模式下简单制作 GIF 动画的方法。

（1）新建一个空白文档，用黑色填充背景层。输入文字，将文字图层栅格化处理，在混合选项中添加"渐变叠加"，应用"添加杂色"滤镜，如图 12.8 所示。

（2）复制文字图层，应用"中间值"滤镜，适当调整参数。

（3）重复（2）操作，将滤镜参数的数值不断加大，直到文字消失。如图 12.9 所示。

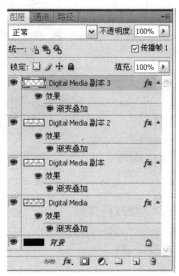

图 12.8　　　　　　　　　　　　　　　　　　　　图 12.9

（4）打开"动画"面板，复制动画帧，设定每一帧的时间为 0.1 秒。每一帧对应一个图层的显示，形成一种文字被腐蚀消失的效果，如图 12.10 所示。

（5）选择"洋葱皮"设置按钮 ，在弹出的对话框（图 12.11）中设定过渡方式为第一帧，要添加的帧数为 5，单击"确定"按钮。"动画"面板显示如图 12.12 所示。

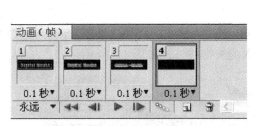

图 12.10　　　　　　　　　　　　　　　　　　图 12.11

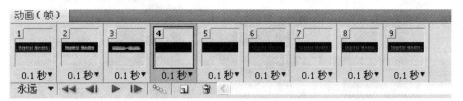

图 12.12

（6）选择"存储为 Web 与设备所用格式"，选择文件格式为 GIF，适当调整参数，保存文件即可，如图 12.13 所示。

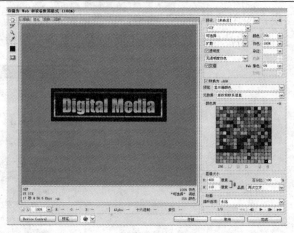

图 12.13

（7）播放所得到的 GIF 文件，可以看到图像变化有些生硬，读者可以更细致地调整相关参数，得到一个流畅的 GIF 文件，这里只是做一个简单的介绍。

12.4　3D 功 能 简 介

Photoshop CC 可以打开和处理 Adobe Acrobat 3D Version 8、3D Studio Max、Alias、Maya 以及 GoogleEarth 等程序创建的 3D 文件。Photoshop CC 支持下列 3D 文件格式：U3D、3DS、OBJ、KMZ 以及 DAE。Photoshop CC 在打开的 3D 文件时可以保留纹理、渲染以及光照信息。用户可以移动 3D 模型，或对其进行动画处理、更改渲染模式、编辑或添加光照，或将多个 3D 模型合并为一个 3D 场景。将纹理作为独立的 2D 文件打开并编辑，或使用画图和调整工具，直接在模型上编辑纹理。

12.4.1　"3D" 面板

将在三维软件中制作完成并输出的 3DS、OBJ 等格式的文件直接在 Photoshop CC 中打开，激活工具箱中的"移动工具"选中导入的三维物体，如图 12.14 所示。

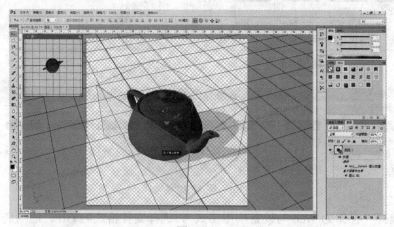

图 12.14

执行"窗口/3D"命令，或在"图层"面板中直接双击缩略图，就可以打开软件的"3D"面板，如图 12.15 所示。通过"3D" 面板可以设置与模型、材质、灯光相关的属性，以达到所需的效果。

图 12.15

（1）"整个场景"按钮 ：默认状态下该按钮被激活，会显示当前选中的 3D 图层里的全部信息。

（2）"网格"按钮 ：该按钮被激活后，面板会只显示 3D 网格与 3D 模型。

（3）"材质"按钮 ：该按钮被激活后，面板会只显示当前图层中的材质。

（4）"光照"按钮 ：该按钮被激活后，面板会只显示当前图层中的灯光。

（5）"将新灯光添加到场景"按钮 ：单击该按钮可以为场景添加"点光"、"聚光灯"、"无线光"3 种类型的灯光。

（6）"渲染"按钮 ：对于完成编辑后的模型进行"渲染"操作后，才可以显示出最终的效果。

（7）"删除所选内容"按钮 ：对选择的内容进行删除操作。

12.4.2　3D 模型的基本编辑

在 Photoshop CC 中，可以使用工具箱中"移动工具"提供的按钮对 3D 模型进行移动、旋转、缩放等基本操作。单击"移动工具"，在其选项栏最右侧可以找到"3D 模式"选项提供的 5 个图标，如图 12.16 所示。

图 12.16

（1）"旋转 3D 对象"工具 ：使用该工具可以将三维对象进行旋转或直接旋转整个视图。

（2）"滚动 3D 对象"工具 ：使用该工具可以沿物体自身的中心点进行旋转或直接旋转整个视图。

（3）"拖动 3D 对象"工具 ：使用该工具可以将三维对象进行移动。

（4）"滑动 3D 对象"工具：使用该工具可以将三维对象进行前后滑动。

（5）"缩放 3D 对象"工具：使用该工具可以将三维对象进行大小调整。

12.4.3 创建三维物体

除了前面章节介绍的直接打开三维软件输出的文件外，Photoshop CC 还为用户提供了多种创建三维物体的方式，主要包括："3D 明信片"、"网格预设"、"深度映射"、"从选区或路径创建凸出"等方式。

12.4.3.1 3D 明信片

如图 12.17 所示，执行"3D/从图层新建网格/明信片"命令，可以将二维图形转换为 3D 明信片两面的贴图材料，同时图层也转换为 3D 图层，最终效果如图 12.18 所示。

图 12.17   图 12.18

12.4.3.2 预设 3D 形状

Photoshop CC 还自带了相关的三维原始模型供用户调用，执行"3D/从图层新建网格/网格预设"命令，在弹出的子菜单中可以选择软件提供的基础模型，如图 12.19 和图 12.20 所示。

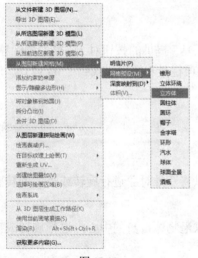
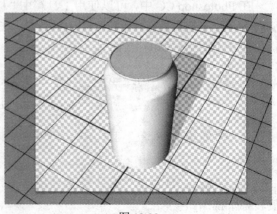

图 12.19   图 12.20

12.4.3.3　深度映射 3D 网格

"深度映射 3D 网格"可以将二维图形以灰度方式进行计算，并将计算结果映射到三维物体上，其效果类似于三维软件中的"凹凸贴图"。Photoshop CC 提供了 4 种映射的方式，分别为：平面映射、双面平面映射、圆柱体映射、球体映射。

打开图 12.21，执行"3D/从图层新建网格/网格预设/圆柱体"命令，在弹出的子菜单中可以选择图像映射的方式，最终效果如图 12.22 所示。

图 12.21　　　　　　　　　　　图 12.22

12.4.3.4　体积映射 3D 网格

"体积"映射 3D 网格需要同时选中两个或两个以上的图层才可以操作，可以创建一个图像叠加效果的 3D 网格模型。打开图 12.23，选中其中两个图层，执行"3D/从图层新建网格/体积"命令，最终效果如图 12.24 所示。

 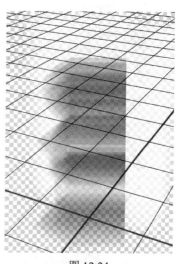

图 12.23　　　　　　　　　　　图 12.24

12.4.3.5　从图层/路径/选区新建 3D 模型

用户需要根据不同对象形态创建模型时，可以利用路径绘制工具或选区，将图形直接转换为 3D 网格效果。打开图 12.25，使用"魔棒工具"为其添加选区，执行"3D/从当前选区新建 3D 模型"命令，可以将选区直接创建成 3D 模型，最终效果如图 12.26 所示。

图 12.25

图 12.26

12.4.4　格栅化 3D 图层

当用户完成了对 3D 模型的创建，可以使用"格栅化 3D"命令，将 3D 图层格栅为普通图层，并保留 3D 模型效果，应用于图像编辑。在"图层"面板中选择 3D 图层右击，在弹出的快捷菜单中选择"格栅化 3D"命令，即可将 3D 图层转换为普通图层，如图 12.27 和图 12.28 所示。

图 12.27

图 12.28

12.4.5　材质功能详解

Photoshop CC 为 3D 模型提供了强大的材质辅助系统。默认状态下 3D 模型表面呈现灰色状态，没有纹理贴图，通过材质功能可以为模型添加纹理贴图，使其更具质感。材质的创建与编辑可以在"3D"面板与"属性"面板中进行。

打开三维软件中创建的模型，如图 12.29 所示。在"3D"面板中激活"材质"按钮 ，执行"窗口/属性"命令，打开"属性"面板，如图 12.30 所示。在该面板中，用户可以设置当前 3D 模型的材质及其相关属性。

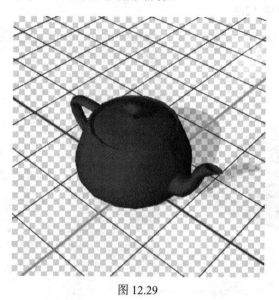

图 12.29

图 12.30

（1）漫射："漫反射"的缩写，用于定义材质的基本颜色，如果为漫射添加了贴图，则颜色不再显示，直接显示贴图的纹理。

（2）镜像：设定材质表面镜面反射的效果。

（3）发光：设置 3D 模型自身的发光颜色。

（4）环境：设置周围环境的颜色对物体固有色的影响效果。

（5）闪亮：通过数值设定光照的效果，数值越小则光线更散，焦点不足，数值越大则材质更亮，高光更耀眼。

（6）反射：通过数值控制材质对周围光线的反射效果，数值越小则反射越弱，反之则越强。

（7）粗糙度：设置物体表面光线的折射和反射效果，数值越大则模型表面越粗糙，折射效果越弱，反之则越强。

（8）凹凸：用于控制模型材质表面凹凸的纹理效果。

（9）不透明度：通过数值控制模型材质的不透明度，可以用于模拟玻璃、纸张等透明或半透明的效果。

（10）折射：设置物体表面光线折射效果，数值越大则模型表面感光度越高，折射效果越强，反之则越弱。

（11）法线：类似于凹凸纹理，可以增加模型表面的纹理细节效果。

（12）环境：用于模拟物体周围所处环境的效果。

案例教学：3D 模型添加材质

在前面的章节中已经介绍了与材质相关的内容，下面通过案例来为 3D 模型添加材质效果。

（1）打开 3D 软件中导出的原始模型，在"3D"面板中激活"材质"按钮。打开"属性"面板准备对其材质进行调整，如图 12.31 所示。

图 12.31

（2）在"属性"面板中单击"漫射"选项后的扩展按钮 漫射: ■■■ ，在弹出的菜单中选择"替换纹理"命令，如图 12.32 所示。

（3）在弹出的浏览对话框中选择事先准备好的贴图，如图 12.33 所示。

图 12.32

图 12.33

（4）完成以上操作后，图 12.33 被作为贴图纹理赋予给了模型，使模型更具质感，可以调节"属性"面板中的其他相关参数，最终效果如图 12.34 所示。

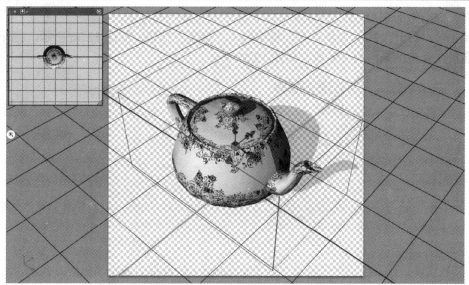

图 12.34

12.4.6　光源的应用

Photoshop CC 中除了通过材质增强 3D 模型的效果外，还可以通过灯光来照亮模型或改变模型的光影效果。激活"3D"面板中的灯光按钮 后打开"属性"面板。在"属性"面板中可以设置灯光的相关参数，选择灯光的类型，软件共为用户提供了 3 种不同类型的灯光，分别是：点光、聚光灯、无线光，如图 12.35 所示。

（1）预设：在下拉菜单中可以使用 Photoshop CC 自带的灯光效果。

（2）类型：可以在下拉菜单中选择灯光的类型，共有 3 种：点光、聚光灯、无线光。

（3）阴影：勾选阴影后，灯光照射时会产生阴影效果。

（4）光照衰减：勾选后可以使灯光在照射物体时会产生衰减效果，即距离光源越近则物体越亮，反之则越暗。

图 12.35

12.4.7　渲染效果

在 Photoshop CC 编辑 3D 模型的过程中，无论是模型的创建、材质的应用、灯光的效果都是以快速预览的效果呈现的。在这样的画面品质下，图像边缘会有大量的锯齿，因此需要对完成编辑的 3D 模型进行渲染输出，才能获得最终的效果。

渲染前，打开"3D"面板，在面板中选中"场景"按钮，如图 12.36 所示。打开"属性"面板，设置渲染的相关参数，如图 12.37 所示。

图 12.36

图 12.37

（1）预设：在下拉菜单中可以选择 Photoshop CC 自带的渲染输出的方式，也可以使用"自定义"的方式，由用户自己来决定渲染的方式。

（2）横截面：勾选后将自动只渲染带有横截面效果的模型，如图 12.38 所示。

（3）表面：勾选后正常渲染模型表面的纹理及光影效果，如图 12.39 所示。

（4）线条：勾选后将以线条的方式对模型进行渲染，如图 12.40 所示。

（5）点：勾选后将以点的方式对模型进行渲染，如图 12.41 所示。

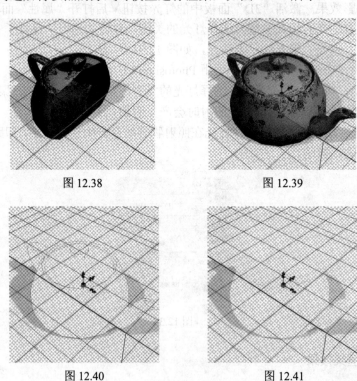

图 12.38 　　　　　　　　　　　图 12.39

图 12.40 　　　　　　　　　　　图 12.41

在"属性"面板中完成了对渲染的设定后，单击面板最下方的"渲染"按钮 ▣，对图像进行渲染输出。

渲染过程中，如果想暂停渲染可以按 Esc 键进行取消。在渲染过程中可以在软件右下角检测渲染进度，如图 12.42 所示。

剩余时间: 1:21 (54%)

图 12.42

本 章 小 结

本章主要介绍了 Photoshop CC 用于制作网页、视频与动画、3D 方面的基础功能。其中 3D 功能是 Photoshop CC 新增的功能，可以使二维图像更具体积感与厚重感。3D 模型如何与平面图像结合使用是本章的重点与难点，更深一步的知识有赖于读者继续学习。

第 13 章 动作、自动化与脚本

在 Photoshop CC 的图像编辑操作中，为了提高工作的效率，更简便地完成图像制作，常会使用到与"动作"、"自动化"、"脚本"相关的命令。利用这些命令可以快速地完成添加边框、纹理、视频等动作。

13.1 动 作

在图像编辑过程中，经常会重复使用某些命令。在这样的情况下，用户可以将这些重复使用的命令编辑组合为一个动作，即可快速地进行重复操作。

13.1.1 "动作"面板

执行"窗口/动作"命令，可以打开 Photoshop CC 的"动作"面板，如图 13.1 所示。在"动作"面板中，用户可以应用、记录、编辑、删除动作，是动作命令的控制中心。

图 13.1

（1）切换项目"开/关" ✔：该按钮用于控制对应的动作是否被执行。当勾选时软件将执行动作，反之则不执行动作。

（2）切换对话框"开/关" □：设置是否显示有参数对话框的命令。当勾选时软件将显示对话框，反之则不显示对话框。

（3）"停止播放/记录"按钮 ■：单击按钮可以停止动作的录制。

（4）"开始记录"按钮 ●：单击按钮可以开始录制动作。

（5）"播放选定动作"按钮 ▶：单击该按钮可以应用当前选定的动作。

（6）"创建新组"按钮：单击该按钮可以创建一个新的动作文件夹。

（7）"创建新动作"按钮：单击该按钮可以创建一个新的动作。

（8）"删除"按钮：单击该按钮可以将选中的动作删除。

13.1.2　自带动作的使用

在"动作"面板中，Photoshop CC 已经提供了多种预设好的动作效果，用户可以直接将这些动作效果用于图像的编辑操作。打开图 13.2，在"动作"面板中选择"四分颜色"动作，单击"播放选定动作"按钮，即可将选中的动作加载到图像中，如图 13.3 所示。

图 13.2　　　　　　　　　　　　　　　　　　图 13.3

"动作"面板中无论是软件自带的预设动作还是用户自己录制的动作，最终的使用方法都是相同的。

13.1.3　创建并记录动作

当用户在图像编辑过程中需要对多个图像重复使用某些命令时，可以将这些命令自定义创建成一个"动作"，可以快速地将这组命令应用到图像中。

（1）执行"窗口/动作"命令，打开"动作"面板，单击面板下方的"创建新组"按钮。在弹出的对话框中输入新的动作组的名称，如图 13.4 和图 13.5 所示。

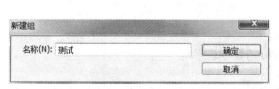 

图 13.4　　　　　　　　　　　　　　　　　　图 13.5

（2）单击"动作"面板下方的"创建新动作"按钮，创建一个新的动作，可以在弹出的对话框中输入新动作的名称。创建完成后将自动开始记录用户的操作步骤作为动作的内容，如图 13.6 所示。

（3）执行"滤镜/扭曲/水波"命令，对画面进行修改操作。在执行命令的同时，"动作"面板会自动将该命令记录下来，作为"动作 1"的预设命令，如图 13.7 和图 13.8 所示。

图 13.6

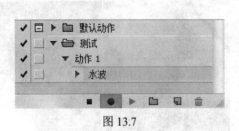

图 13.7

图 13.8

（4）单击"动作"面板下方的"停止播放/记录"按钮■，即可完成对动作的录制。打开图 13.9，选择"动作"面板中的"动作 1"，单击"播放选定动作"按钮▶，即可将选中的动作加载到图像中，如图 13.10 所示。

图 13.9

图 13.10

13.2 自 动 化 处 理

在 Photoshop CC 的图像操作中，用户需要处理大批相同性质的图像或文件时，可以应用自动化命令来进行快速的批处理，以提高工作效率。主要的自动化处理命令包括"批处理"、"PDF 演示文稿"、Photomerge 等。

13.2.1 批处理的应用

"批处理"可以对一个文件夹中的文件同时加载某个设定好的动作。执行"文件/自动/批处理"命令，可以打开"批处理"对话框，如图 13.11 所示。

图 13.11

（1）播放：在"组"与"动作"下拉菜单中可以指定用户在"动作"面板中设定好的"动作组"与"动作"。

（2）源：在下拉菜单中用户可以使用"文件夹"、"导入"、"打开的文件"、"Bridge"4 种方式来指定处理对象的来源。

（3）"覆盖动作中的打开命令"选项：勾选后自动执行动作录制中的"打开"命令。

（4）"包含所有子文件夹"选项：勾选后可以处理指定文件夹子文件夹中的图像。

（5）"禁止显示文件打开选项对话框"选项：勾选后将不再显示文件打开命令对话框。

（6）"禁止颜色配置文件警告"选项：勾选后可以关闭颜色方案信息的显示。

（7）"目标"下拉菜单：在下拉菜单中可以设置批处理命令完成后文件放置的位置。

（8）"覆盖动作中的存储为命令"选项：勾选后动作中的"存储为"命令将执行批处理的文件，而不是动作中的文件和位置。

（9）"文件命名"选项组：用户可以设置多种文件名称与格式。

（10）"错误"：在下拉菜单中可以选择错误处理方式。"由于错误而停止"勾选后发生错误时将终止批处理。"将错误记录到文件"：勾选后将批处理过程中发生的错误记录到指定文件夹中。

打开图 13.12，执行"文件/自动/批处理"命令，在弹出的对话框中进行相关设置，如图 13.13 所示，完成后单击"确定"按钮，为图像添加预设动作，最终效果如图 13.14 所示。

图 13.12

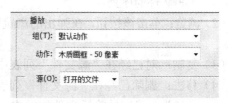

图 13.13

图 13.14

13.2.2　PDF 演示文稿的应用

PDF 演示文稿命令可以将图像转换为一个 PDF 格式的文件，并使其具备演示文稿的特性。执行"文件/自动/PDF 演示文稿"命令，打开"PDF 演示文稿"对话框，如图 13.15 所示。在对话框中可以进行参数设置，将突破转换为 PDF 文稿。

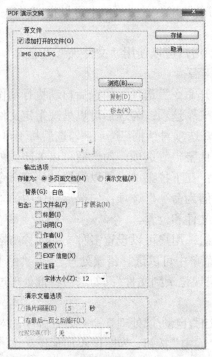

图 13.15

（1）"添加打开的文件"选项：勾选后可以将当前 Photoshop CC 已经打开的图像添加到转换为 PDF 文件的序列中。

（2）浏览：单击该按钮，在弹出的浏览窗口中可以直接在本地硬盘中选择需要转换的文件。

（3）复制：对已经在"源文件"列表中的文件进行复制。

（4）移去：删除已经在"源文件"列表中的文件。

（5）存储为：确定转换后文件的样式。选择"多页面文档"时，则文件仅转换为多页的 PDF 文件。选择"演示文稿"时，则文件被转换为演示文稿。面板底部的"演示文稿选项"也将被激活。

（6）背景：设置生成的新 PDF 文件的背景颜色。

（7）包含：通过勾选可以设定转换后的 PDF 文件有哪些信息内容。

（8）字体大小：通过数值设定信息文字的大小。

（9）换片间隔：输入数值可以控制演示文稿切换的速度。

（10）最后一页之后循环：勾选后生成的演示文稿页面可以循环播放。

（11）过渡效果：在下拉菜单中选择图像之间切换时的过渡效果。

13.2.3　利用 Photomerge 命令拼合图像

"Photomerge 命令"可以将多张相互关联的图片合并成一张全景图像。但是使用该命令合成图像时要求图像拍摄时保持相同的水平视角，图像两两之间至少有 30%左右的景物是重合的。

执行"文件/自动/Photomerge"命令可以打开 Photomerge 对话框，如图 13.16 所示。

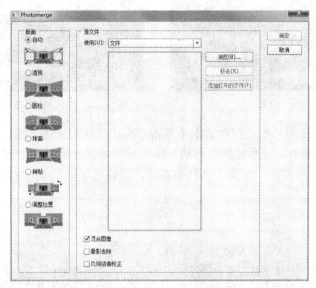

图 13.16

（1）版面：在其选框中可以选择图像拼合后的版面类型。

（2）源文件：可以在"使用"下拉菜单中选择"文件"或"文件夹"作为拼合的图像来源。也可以单击"浏览"按钮，在本地硬盘中选择需要拼合的图像。

（3）混合图像：勾选后可以让 Photoshop CC 自动将图像进行混合。

（4）晕影去除：勾选后对图像进行镜头补偿操作，以去除图像中因拍摄不当造成的暗角、阴影等瑕疵。

（5）几何扭曲校正：勾选后可以补偿图像中因拍摄不当造成的桶形失真、枕形失真、鱼眼失真等问题。

在 Photoshop CC 中打开图 13.17～图 13.20，作为拼接全景图片的素材图像。

图 13.17

图 13.18

图 13.19

图 13.20

打开 Photomerge 对话框，在对话框中单击"添加打开的文件"按钮，将素材图像加载到"源文件"选项框中，版面选择"自动"模式后，单击"确定"按钮，得到的结果如图 13.21 所示。最后使用裁剪、变换工具修整图像，最终效果如图 13.22 所示。

图 13.21

图 13.22

13.2.4 裁剪并修齐照片

执行"文件/自动/裁剪并修齐照片"命令，可以同时将多个图像进行裁剪并修复画面位置。打开图 13.23，执行"裁剪并修齐照片"命令，效果如图 13.24 所示。

图 13.23

图 13.24

13.3 脚 本

在 Windows 操作系统中，利用 JavaScript、C#撰写的脚本都可以在 Photoshop CC 中调用。使用脚本语言可以对单个或多个文件执行自定义操作。

13.3.1 图像处理器的应用

"图像处理器"命令转换和处理多个文件，执行"文件/脚本图像处理器"命令，打开"图像处理器"对话框，如图 13.25 所示。

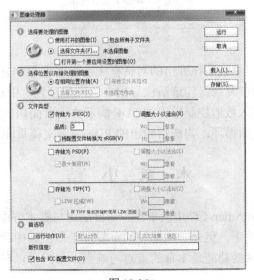

图 13.25

（1）选择要处理的图像：提供了几种选择处理对象图片的方式。

（2）选择位置以存储处理的图像：可以选择编辑完成后图像存储的位置。

（3）文件类型：可以选择将处理完成的图像保存的格式。

（4）首选项：设置其他相关的处理选项。可以加载自定义的动作等参数。"包含 ICC 配置文件"勾选后可以使存储的文件嵌入颜色配置文件。

13.3.2　删除所有空白图层

执行"文件/脚本/删除所有空白图层"命令，可以将当前图像中不包含任何图像像素的图层直接删除，从而加强图像编辑管理以提高工作效率。

13.3.3　"拼合所有蒙版/拼合所有图层"效果

"拼合所有蒙版"和"拼合所有图层效果"命令，分别可以将当前图像中所有的蒙版和所有的图层效果进行合并。

13.3.4　将图层复合导出到 PDF

利用"将图层复合导出到 PDF"命令可以将当前文件中的复合图层导出为 PDF 文件，以便浏览。

执行"文件/脚本将图层复合导出到 PDF"命令，打开"将图层复合导出到 PDF"对话框，如图 13.26 所示。

图 13.26

（1）"浏览"按钮：单击后在弹出的对话框中选择要保存 PDF 的位置。

（2）仅限选中的图层复合：勾选后仅导出在"图层复合"中选中的图层为 PDF。

（3）换片间隔：输入数值控制输出的 PDF 演示文稿页面切换的时间间隔。

（4）在最后一页之后循环：勾选后输出的 PDF 演示文稿页面循环播放。

本 章 小 结

本章详细介绍了 Photoshop CC 中关于动作、自动化与脚本方面的内容。用户利用这些工具可以大大提高工作效率，免去一些繁琐的重复性工作。其中动作的设定是自动化操作的基础，如何合理运用这些功能是本章的重点与难点，用户可以在实践中进一步探索适合自己的操作方式。

第14章 综合案例应用

通过对前面章节的学习，用户对 Photoshop CC 相关的功能与应用有了基本的认识和了解。本章将结合几个实例，展示 Photoshop CC 在设计领域中的综合运用，以达到软件操作与设计理念的完美融合。

案例教学 1：牙具包装设计

（1）新建文件，大小为 210mm×297mm，分辨率为 300ppi，颜色模式为 CMYK，背景内容为白色，如图 14.1 所示。

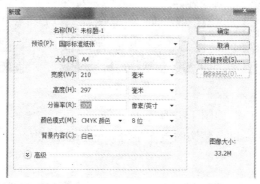

图 14.1

（2）制作牙具包装的展开图。

1）在草稿纸上画好产品包装的平面展开图，并准确标出数据。为画面背景填充灰色。按照包装的结构新建参考线：选择"视图/新建参考线/垂直或水平"命令，如图 14.2 所示。

2）参考线建好后，新建一个图层，用矩形选框工具根据具体位置画好包装的每个块面，填充白色，如图 14.3 所示。

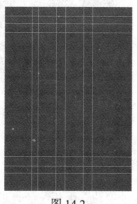

图 14.2   图 14.3

3）有圆角的位置使用圆角矩形工具进行绘制（半径为50px）；其他三角形位置在画好白色矩形后用同等大小的三角形进行切割，如图14.4所示。

（3）新建一个图层，激活工具箱中的"画笔工具"，选择将笔刷大小设置为10像素，为包装绘制背景纹理，如图14.5所示。

（4）在包装底部画一个CMYK值为（35,20,65,0）的矩形框，在上面写上产品说明、产地、产品编号、定价等信息，如图14.6所示。

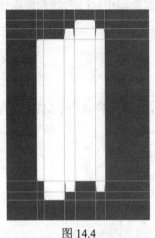　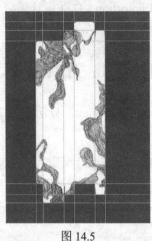　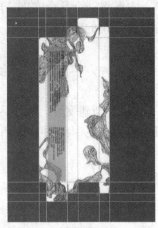

图14.4　　　　　　　　　图14.5　　　　　　　　　图14.6

（5）画一个产品条码，如图14.7所示。

（6）放置产品logo，以及装饰的英文字母toothbrush、生产日期、有效日期，最终效果如图14.8所示。

图14.7　　　　　　　　　　　　　　图14.8

案例教学2：手机界面设计应用

随着技术的不断进步，手机也发生着日新月异的变化，由传统的直板、翻盖，到滑盖、旋转，由键盘输入到声音控制、触摸屏的使用，手机的定位也从单纯的通信工具变成了小型的移动媒体终端，上网、拍照、游戏、小工具等功能已经成为现代手机的基本功能。

手机界面设计可以理解为一个完整的操作系统界面设计，它主要包括页面（待机页面、菜单页面、功能页面等）、图标、切换方式等。这里模拟 iPhone 的效果制作一个手机菜单界面。

（1）制作功能图标。新建图层，选择蓝色填充图层，使用圆角矩形为图层添加矢量蒙版，然后为图层添加效果如图 14.9 所示，具体参数如图 14.10～图 14.13 所示。

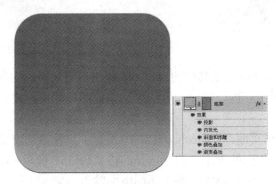

图 14.9

图 14.10

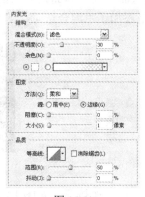

图 14.11

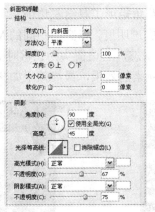

图 14.12

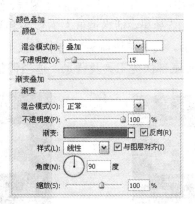

图 14.13

（2）复制该图层，填充白色，在"交叉形状区域"状态下，为其添加图层蒙版，如图 14.14 所示。然后将"混合选项"改为"投影"、"内阴影"，"渐变叠加"，适当调整参数，效果如图 14.15 所示。

图 14.14

图 14.15

（3）新建图层，选择形状工具中的音符，绘制出音符，添加内阴影效果。一个图标就完成了，如图 14.16 所示。再以同样的方法绘制其他图标即可，读者可自己设计制作，这里不再重复讲解。

（4）绘制手机菜单页面。Photoshop CC 中预置了几种移动设备的大小，在新建文件的下拉列表中可以选择相应的大小。这里选择的格式为 351 像素×416 像素，黑色背景。将刚刚做完的图标导入，制作倒影。并在图标下面输入文字 Music，如图 14.17 所示。

（5）确定页面布局，添加其他页面信息，如图 14.18 所示。其中时间背景区域和底部的区域同样也是添加了"混合选项"的"渐变叠加"、"斜面和浮雕"效果，不再重复讲解。

图 14.16

图 14.17

图 14.18

（6）添加菜单切换按钮，如图 14.19 所示。镜像处理箭头，在左边对称位置同样放置一个箭头。

（7）制作按钮按下时的状态。新建图层，使用圆角矩形工具给左边箭头添加一个衬底，添加"渐变叠加"效果。适当调低左右箭头和衬底的透明度，以突出中间的 Music 和图标，如图 14.20 所示。其中左边箭头为选中和按下时的状态，右边箭头为正常时的状态。

（8）添加底部快捷工具及背景，适当调整各元素的效果，最终效果如图 14.21 所示。

图 14.19

图 14.20

图 14.21

案例教学3：海报招贴设计

海报设计是平面设计的表现形式之一，通过版面的构成在第一时间内将人们的目光吸引，并获得瞬间的刺激，这就要求设计者要将图片、文字、色彩、空间等要素进行完美的结合，以恰当的形式向人们展示出宣传信息。下面将以案例的形式介绍海报的制作过程。

（1）新建文件尺寸为全开 871mm×1086mm，分辨率 300ppi，颜色模式为 RGB，背景内容为白色，如图 14.22 所示。

（2）将素材图 14.23 导入到画面中作为海报的背景图层。

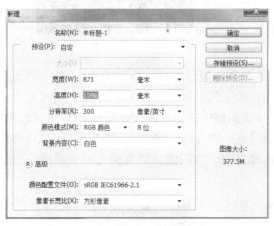

图 14.22　　　　　　　　　　　　　　　　　　图 14.23

（3）为该背景图层添加图层样式。双击该图层，打开"图层样式"面板，勾选"渐变叠加"选项，填充一个粉红色到蓝灰色的渐变效果，具体参数设置如图 14.24 所示。完成后效果如图 14.25 所示。

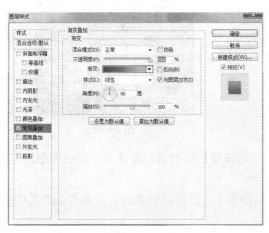

图 14.24　　　　　　　　　　　　　　　　　　图 14.25

（4）打开素材图 14.26，将其叠加到背景图层上。该图层的叠加模式为"亮光"，并将"填充"设置为 32%，效果如图 14.27 所示。

图 14.26

图 14.27

（5）新建一个图层，选中该图层后，使用"矩形选框"工具创建一个矩形选区，并给该选区填充白色，如图 14.28 所示。

（6）执行"编辑/自由变换"命令，将该图层中的矩形图像逆时针旋转 35°。退出"自由变换"命令后，使用"移动工具"同时按住 Alt 键向下拖拽矩形图像，可以将该图像移动并复制图像所在的图层。每隔一定距离复制一个图像直到填满大半个画面，效果如图 14.29 所示。

图 14.28

图 14.29

（7）在"图层"面板中将复制出来的所有图层进行合并。选择合并后的图层，将其"不透明度"设置为 5%，如图 14.30 所示。

（8）打开"飞鸟"的素材，叠加到背景图层上，将图层的叠加方式设置为"正片叠底"。如图 14.31 所示。

（9）为文字添加背景条。新建一个图层，使用"矩形选框工具"，在画面中绘制一个矩形，并为其填充颜色（R:23 G:13 B:40）。将该图层的叠加模式设置为"正片叠底"，透明度设置为 25%，效果如图 14.32 所示。

图 14.30　　　　　　　　　　　　　图 14.31

（10）在背景中输入海报相关的文字信息，如图 14.33 所示。

图 14.32　　　　　　　　　　　　　图 14.33

（11）为海报添加标题文字"我就是我"，为该文字图层设置图层样式以丰富其效果。图层样式为"图案叠加与投影"。参数设置如图 14.34 和图 14.35 所示，文字效果如图 14.36 所示。

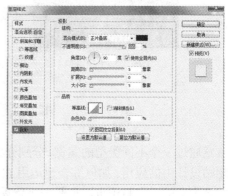

图 14.34　　　　　　　　　　　　　图 14.35

（12）以相同的图层样式输入标题文字"寻找微电影原型"，并修改字体大小与排列方式。效果如图 14.37 所示。

图 14.36

图 14.37

（13）使用特殊字体，输入副标题"个性秀"，并为该文字图层添加与之前文字图层相同的图层样式，区别在于"叠加颜色"中的颜色使用黄色，以突出字体效果。如图 14.38 所示。

（14）在海报下方输入时间、地点等海报相关的其他信息文字。海报完成后的最终效果如图 14.39 所示。

图 14.38

图 14.39

本 章 小 结

本章通过 3 个不同类型的案例，分别介绍了 Photoshop CC 在包装设计、交互界面设计、海报招贴设计中的应用。如何综合地运用 Photoshop CC 的各种功能以达到视觉效果最优化的目的是本章的重点与难点，也是一个优秀的设计师必备的条件。